技工院校"十四五"规划服装设计专业系列教材
中等职业技术学校"十四五"规划艺术设计专业系列教材

服装设计基础

张倩梅 古燕苹 陈翠锦 谭珈奇 主编

吴念姿 陈细佳 曹雪 张峰 副主编

华中科技大学出版社
http://www.hustp.com
中国·武汉

内容提要

　　本书从服装设计概述、服装设计三要素、服装设计的美学法则、创意服装设计、服装品牌赏析及学习等方面对服装设计进行深入分析与讲解，帮助学生了解服装设计的作用和意义，服装设计师需要具备的职业素养，以及服装设计的方法。全书结合市场发展趋势，运用理实一体方式展开知识点的讲解和实训练习。本书内容全面，条理清晰，注重理论与实践的结合，每个项目都设置了相应的实操练习，符合职业院校的人才培养需求，同时也可作为服装设计行业人员的入门教材。

图书在版编目（CIP）数据

服装设计基础 / 张倩梅等主编 . — 武汉：华中科技大学出版社，2021.6

ISBN 978-7-5680-7223-6

Ⅰ . ①服… Ⅱ . ①张… Ⅲ . ①服装设计 – 教材 Ⅳ . ① TS941.2

中国版本图书馆 CIP 数据核字 (2021) 第 108129 号

服装设计基础
Fuzhuang Sheji Jichu

张倩梅 古燕苹 陈翠锦 谭珈奇 主编

策划编辑：金　紫

责任编辑：叶向荣

装帧设计：金　金

责任监印：朱　玢

出版发行：华中科技大学出版社（中国·武汉）　　　电　　话：（027）81321913

　　　　　武汉市东湖新技术开发区华工科技园　　　邮　　编：430223

录　　排：天津清格印象文化传播有限公司

印　　刷：湖北新华印务有限公司

开　　本：889mm×1194mm　1/16

印　　张：7

字　　数：224 千字

版　　次：2021 年 6 月第 1 版第 1 次印刷

定　　价：48.00 元

技工院校"十四五"规划服装设计专业系列教材
中等职业技术学校"十四五"规划艺术设计专业系列教材
编写委员会名单

● 编写委员会主任委员

文健（广州城建职业学院科研副院长）

宋雄（广州市工贸技师学院文化创意产业系副主任）

叶晓燕（广东省交通城建技师学院艺术设计系主任）

张倩梅（广东省交通城建技师学院艺术设计系副主任）

周红霞（广州市工贸技师学院文化创意产业系主任）

吴锐（广州市工贸技师学院文化创意产业系广告设计教研组组长）

黄计惠（广东省轻工业技师学院工业设计系教学科长）

汪志科（佛山市拓维室内设计有限公司总经理）

罗菊平（佛山市技师学院应用设计系副主任）

林姿含（广东省服装设计师协会副会长）

● 编委会委员

陈杰明、梁艳丹、苏惠慈、单芷颖、曾铮、陈志敏、吴晓鸿、吴佳鸿、吴锐、尹志芳、陈思彤、曾洁、刘毅艳、杨力、曹雪、高月斌、陈矗、高飞、苏俊毅、何淦、欧阳敏琪、张琼、冯玉梅、黄燕瑜、范婕、杜聪聪、刘新文、陈斯梅、邓卉、卢绍魁、吴婧琳、钟锡玲、许丽娜、黄华兰、刘筠烨、李志英、许小欣、吴念姿、陈杨、曾琦、陈珊、陈燕燕、陈媛、杜振嘉、梁露茜、何莲娣、李谋超、刘国孟、刘芊宇、罗泽波、苏捷、谭桑、徐红英、阳彤、杨殿、余晓敏、刁楚舒、鲁敬平、汤虹蓉、杨嘉慧、李鹏飞、邱悦、冀俊杰、苏学涛、陈志宏、杜丽娟、阳丽艳、黄家岭、冯志瑜、丛章永、张婷、劳小芙、邓梓艺、龚芷玥、林国慧、潘启丽、李丽雯、赵奕民、吴勇、刘殷君、陈玥冰、赖正媛、王鸿书、朱妮迈、谢奇肯、杨晓玲、吴滨、胡文凯、刘灵波、廖莉雅、李佑广、曹青华、陈翠筠、陈细佳、代小红、古燕苹、胡年金、荆杰、李津真、梁泉、吴建敏、徐芳、张秀婷、周琼玉、张晶晶、李春梅、高慧兰、陈婕、蔡文静、付盼盼、谭珈奇、熊洁、陈思敏、陈翠锦、李桂芳、石秀萍、周敏慧、邓兴兴、王云、彭伟柱、马殷睿、汪恭海、李竞昌、罗嘉劲、姚峰、余燕妮、何蔚琪、郭咏、马晓辉、关仕杰、杜清华、祁飞鹤、赵健、潘泳贤、林卓妍、李玲、赖柳燕、杨俊龙、朱江、刘珊、吕春兰、张焱、甘明坤、简为轩、陈智盖、陈佳宜、陈义春、孔百花、何旭、刘智志、孙广平、王婧、姚歆明、沈丽莉、施晓凤、王欣苗、陈洁冬、黄爱莲、郑雁、罗丽芬、孙铁汉、郭鑫、钟春琛、周雅靓、谢元芝、羊晓慧、邓雅升、阮燕妹、皮添翼、麦健民、姜兵、童莹、黄汝杰、薛晓旭、陈聪、邝耀明

● 总主编

文健，教授，高级工艺美术师，国家一级建筑装饰设计师。全国优秀教师，2008年、2009年和2010年连续三年获评广东省技术能手。2015年被广东省人力资源和社会保障厅认定为首批广东省室内设计技能大师，2019年被广东省教育厅认定为建筑装饰设计技能大师。中山大学客座教授，华南理工大学客座教授，广州大学建筑设计研究院室内设计研究中心客座教授。出版艺术设计类专业教材120种，拥有具有自主知识产权的专利技术130项。主持省级品牌专业建设、省级实训基地建设、省级教学团队建设3项。主持100余项室内设计项目的设计、预算和施工，项目涉及高端住宅空间、办公空间、餐饮空间、酒店、娱乐会所、教育培训机构等，获得国家级和省级室内设计一等奖5项。

● 合作编写单位

（1）合作编写院校

广州市工贸技师学院	广州市蓝天高级技工学校
佛山市技师学院	茂名市交通高级技工学校
广东省交通城建技师学院	广州城建技工学校
广东省轻工业技师学院	清远市技师学院
广州市轻工技师学院	梅州市技师学院
广州白云工商技师学院	茂名市高级技工学校
广州市公用事业技师学院	广东汕头市高级技工学校
山东技师学院	广东省电子信息高级技工学校
江苏省常州技师学院	东莞实验技工学校
广东省技师学院	珠海市技师学院
台山敬修职业技术学校	广东省工业高级技工学校
广东省国防科技技师学院	广东省工商高级技工学校
广东工业大学华立学院	深圳市携创高级技工学校
广东省华立技师学院	广东江南理工高级技工学校
广东花城工商高级技工学校	广东羊城技工学校
广东岭南现代技师学院	广州市从化区高级技工学校
广东省岭南工商第一技师学院	肇庆市商业技工学校
阳江市第一职业技术学校	广州造船厂技工学校
阳江技师学院	海南省技师学院
广东省粤东技师学院	贵州省电子信息技师学院
惠州市技师学院	广东省民政职业技术学校
中山市技师学院	广州市交通技师学院
东莞市技师学院	
江门市新会技师学院	
台山市技工学校	
肇庆市技师学院	
河源技师学院	

（2）合作编写组织

广州市赢彩彩印有限公司
广州市壹管念广告有限公司
广州市璐鸣展览策划有限责任公司
广州波错展览设计有限公司
广州市风雅颂广告有限公司
广州质本建筑工程有限公司
广东艺博教育现代化研究院
广州正雅装饰设计有限公司
广州唐寅装饰设计工程有限公司
广东建安居集团有限公司
广东岸芷汀兰装饰工程有限公司
广州市金洋广告有限公司
深圳市千千广告有限公司
广东飞墨文化传播有限公司
北京迪生数字娱乐科技股份有限公司
广州易动文化传播有限公司
广州市云图动漫设计有限公司
广东原创动力文化传播有限公司
菲逊服装技术研究院
广州珈钰服装设计有限公司
佛山市印艺广告有限公司
广州道恩广告摄影有限公司
佛山市正和凯歌品牌设计有限公司
广州泽西摄影有限公司
Master 广州市燸大师艺术摄影有限公司

序 言

　　技工教育和中职中专教育是中国职业技术教育的重要组成部分，主要承担培养高技能产业工人和技术工人的任务。随着"中国制造 2025"战略的逐步实施，建设一支高素质的技能人才队伍是实现规划目标的必备条件。如今，国家对职业教育越来越重视，技工和中职中专院校的办学水平已经得到很大的提高，进一步提高技工和中职中专院校的教育、教学和实训水平，提升学生的职业技能，弘扬和培育工匠精神，已成为技工院校和中职中专院校的共同目标。而高水平专业教材建设无疑是技工院校和中职中专院校教育特色发展的重要抓手。

　　本套规划教材以国家职业标准为依据，以综合职业能力培养为目标，以典型工作任务为载体，以学生为中心，根据典型工作任务和工作过程设计教学项目和学习任务。同时，按照工作过程和学生自主学习的要求进行内容设计，实现理论教学与实践教学合一、能力培养与工作岗位对接合一、实习实训与顶岗工作合一。

　　本套规划教材的特色在于，在编写体例上与技工院校倡导的"教学设计项目化、任务化，课程设计教、学、做一体化，工作任务典型化，知识和技能要求具体化"紧密结合，体现任务引领实践的课程设计思想，以典型工作任务和职业活动为主线设计教材结构，以职业能力培养为核心，将理论教学与技能操作相融合作为课程设计的抓手。本套规划教材在理论讲解环节做到简洁实用，深入浅出；在实践操作训练环节体现以学生为主体的特点，创设工作情境，强化教学互动，让实训的方式、方法和步骤清晰，可操作性强，并能激发学生的学习兴趣，促进学生主动学习。

　　本套规划教材由全国 40 余所技工院校和中职中专院校服装设计专业共 60 余名一线骨干教师与 20 余家服装设计公司一线服装设计师联合编写。校企双方的编写团队紧密合作，取长补短，建言献策，让本套规划教材更加贴近专业岗位的技能需求，也让本套规划教材的质量得到了充分的保证。衷心希望本套规划教材能够为我国职业教育的改革与发展贡献力量。

技工院校"十四五"规划服装设计专业系列教材

中等职业技术学校"十四五"规划艺术设计专业系列教材 总主编

教授/高级技师 文健

2021 年 5 月

前 言

　　服装设计属于工艺美术范畴，是实用性和艺术性相结合的一种综合性艺术形式。人的生活离不开衣、食、住、行，衣在首位，可见服装在生活中占据着重要的地位。服装既是一种艺术，同时也体现了时代的发展和社会风貌的演变。优秀的服装设计师通过运用各种服装设计和制作知识，结合个人特点，设计出彰显身份、隐藏身材缺点的服装，不仅可以满足其生活需求，更能展示其个人品位和身份、地位。

　　服装设计基础是服装设计专业的一门必修基础课程，这门课程对于培养学生的审美能力，提高服装设计创意思维能力，提升学生的服装设计职业素养都起着至关重要的作用。本书内容涵盖服装设计概述、服装设计三要素、服装设计的美学法则、创意服装设计、服装品牌赏析及学习等知识，帮助学生了解服装设计的作用和意义，服装设计师需要具备的职业素养，以及服装设计的方法。本书在理论讲解环节做到简洁实用，深入浅出；在实践操作训练环节，体现以学生为主体，创设工作情境，强化教学互动，让实训的方式、方法和步骤更清晰，可操作性强，适合技工学生练习。本书理论讲解细致、严谨，图文并茂，理实一体，实用性强，可以作为技工院校服装设计专业的教材使用。

　　本书在编写过程中得到了广州城建职业学院、广东省交通城建技师学院、广东工业大学华立学院、广东省轻工业技师学院、广东省粤东技师学院、东莞市技师学院、河源技师学院等兄弟院校师生的大力支持和帮助，在此表示衷心的感谢。本书项目一学习任务一、学习任务二由张倩梅编写，项目一学习任务三由古燕苹编写；项目二学习任务一由吴念姿编写，项目二学习任务二、学习任务三由陈细佳编写；项目三学习任务一、学习任务二由谭珈奇编写，项目三学习任务三由吴念姿编写；项目四学习任务一由古燕苹编写，项目四学习任务二、学习任务三由陈翠锦编写；项目五由曹雪编写；全书由张峰提供了部分图片并统稿。本书封面图片由张倩梅提供，模特：钟琳。因出版时间仓促，未能及时与本书图片资料相关者进行密切沟通，若有不妥之处请及时与我们联系。由于编者的学术水平有限，本书可能存在一些不足之处，敬请读者批评指正。

张倩梅

2021 年 3 月

课时安排（建议课时 72）

项目	课程内容	课时	
项目一 服装设计概述	学习任务一　服装的概念	2	
	学习任务二　服装设计的概念	2	8
	学习任务三　服装的风格	4	
项目二 服装设计三要素	学习任务一　服装面料	2	
	学习任务二　服装色彩	2	12
	学习任务三　服装造型	8	
项目三 服装设计的美学法则	学习任务一　形式美法则的基本概念	4	
	学习任务二　美学法则在服装设计中的应用	8	20
	学习任务三　服饰图案设计	8	
项目四 创意服装设计	学习任务一　服装设计灵感来源	8	
	学习任务二　服装面料再造	8	20
	学习任务三　服饰品设计	4	
项目五 服装品牌赏析及学习	学习任务一　国际服装品牌赏析	2	
	学习任务二　国内服装品牌赏析	2	12
	学习任务三　模仿品牌进行设计	8	

目 录

项目一
服装设计概述

学习任务 一　服装的概念

教学目标

（1）专业能力：能够认识和理解服装的概念、起源和发展，以及各类服装的特点。

（2）社会能力：了解服装在人类生活中的作用和意义。

（3）方法能力：培养善于观察和分析、细心思考的能力。

学习目标

（1）知识目标：理解服装的概念、分类及功能，以及服装的起源与发展。

（2）技能目标：学会分析不同类别服装的特点和作用。

（3）素质目标：培养良好的服装美学基础。

教学建议

1. 教师活动

教师通过展示各类型服装图片，帮助学生认识服装的概论、特点，引导学生深入思考服装与生活的关系，帮助学生理解服装的意义。

2. 学生活动

认识服装的起源和发展，观察分析各类型服装的特点和作用。

一、学习问题导入

人的生活离不开衣、食、住、行，衣服是人的日常必需品，不同的服装给我们带来不一样的体验。服装不仅具有遮蔽风雨、保护人的身体的实用功能，还可以装扮人的外形，装饰人的精神面貌，如图1-1和图1-2所示。

图1-1 Dior 作品

图1-2 郭培作品

二、学习任务讲解

1. 服装的概念

服装是衣服、鞋、包、饰品等的总称，多指衣服。服装在人类社会发展的早期就已出现，古代人把身边能找到的各种材料做成粗陋的衣服用以护身。人类最初的衣服是用兽皮制作的，最早包裹身体的织物由麻类纤维和草制成。在国家标准中对服装的定义：缝制而成的穿于人体起保护和装饰作用的产品，又称衣服。现代社会服装已成为人们装饰自己、展示自身精神面貌的重要手段。服装也是人身份的象征，同时，也表现出一种生活态度。

2. 服装的起源

关于服装的起源主要有以下几种说法。

（1）人体保护说。

主张这一观点的学者认为，服装是人类最基本的生活需要，穿衣是为了能够抵御寒冷和潮湿的天气，起到适应环境、保护身体的作用。在远古时代，我们的祖先便学会用骨头做成的针和兽筋或皮条做成的线，将兽皮缝合起来制成衣服，可以有效地抵御寒风雨雪的侵袭，同时防止蚊虫叮咬，起到保护身体的作用。

（2）人体装饰说。

主张这一观点的学者认为，服装是因装饰人体的需要而产生的。有研究表明，在大多数原始民族中，有不穿衣服的民族，但绝对没有不装饰自己的民族。人类从旧石器时代的山顶洞人时期开始，就已经懂得用各种方法来装饰自己，他们通过涂粉、纹身，披挂兽皮、兽骨、树叶的方法，来达到装饰人体的目的。

（3）遮掩羞涩说。

主张这一观点的学者认为，人类的祖先和其他动物一样，全身毛发很长，足以御寒，因此，人类在几十万年的漫长岁月里一直不穿衣服，后来由于人类文明不断发展，人们懂得了礼仪和羞涩，从而产生了用于遮身的衣服。

除了上述几种说法外，还有吸引异性说、宗教信仰说等观点，如图1-3所示。

● 原始服饰佩饰展示图
根据出土的骨针、骨锥等制衣工具想象复原的这件原始社会服装，说明在纺织技术尚未发明前，兽皮成为原始人首选的服装面料。原始人佩戴用兽齿、海蚌等串成的饰物，除了起到装饰的作用外，还包含对渔猎胜利的纪念。

图1-3 原始服饰配饰展示图

3. 服装的分类

（1）服装按面料类型分为针织服装与梭织服装，如图1-4和图1-5所示。

（2）按年龄进行分类，成人服装分为男装、女装、中老年装；儿童服分为婴儿服、幼童服、中童服、青少年服等，如图1-6和图1-7所示。

（3）服装按功能分为消防服、潜水服、舞蹈服、运动服、职业服等，如图1-8～图1-11所示。

（4）此外，服装按穿着场合还可分为成衣、礼服、婚纱等。

图1-4 针织服装　　　图1-5 梭织服装

图1-6 婴儿连体服　　　图1-7 童装　　　图1-8 消防服

图 1-9 潜水服 　　　　　　　　　　　图 1-10 舞蹈服

图 1-11 职业服

三、学习任务小结

　　通过本次任务的学习，同学们基本了解服装的起源、意义及分类，平时多留心观察不同类型的服装有哪些特点及功能，可以为后面服装设计专业学习打下良好的基础。课后，大家可以多收集各类型的服装，提升对服装的认识和理解。

四、课后作业

　　搜集不同的服装图片，并分析这些服装的类别、特点和功能。

学习任务

二

服装设计的概念

教学目标

（1）专业能力：初步认识和了解服装设计的概念、服装设计三要素。

（2）社会能力：了解服装设计师的职业素养要求。

（3）方法能力：善于通过不同途径收集专业学习资料。

学习目标

（1）知识目标：初步了解服装设计的基本概念及服装设计师的职业素养要求。

（2）技能目标：能指出服装设计三要素的特点。

（3）素质目标：学会收集信息资料，开阔视野，提升审美能力。

教学建议

1. 教师活动

教师结合课程内容进行图文讲解，分析服装设计三要素的特点，结合市场现状介绍服装设计师的职业素养要求。

2. 学生活动

初步了解服装设计的概念，思考从事服装设计行业工作需要从哪些方面进行努力。

一、学习问题导入

服装设计源于生活，却高于生活。服装设计师从生活中提取有价值、有意义的内容，通过设计制作能给人带来不一样的体验。什么是服装设计？从事服装设计工作有哪些要求？让我们一起去了解。

二、学习任务讲解

1. 服装设计基本概念

服装设计是指根据设计对象的需求进行构思，并绘制出效果图、款式图、纸样，再进行裁剪、工艺缝制，制作服装成品。服装设计作为实用性和艺术性相结合的一种艺术形式，涉及领域非常广泛，和文学、艺术、历史、哲学、宗教、美学、心理学、生理学以及人体工学密切相关，如图 1-12、图 1-13 所示。

图 1-12　服装设计应用 1

图 1-13　服装设计应用 2

2. 服装设计三要素

服装设计三要素包括色彩、面料、造型。

有科学家研究指出，人对色彩的敏感度远远超过对形体的敏感度，因此，色彩在服装设计中的地位是至关重要的；面料作为服装制作的载体，服装设计要取得良好的效果，必须充分发挥面料的性能和特点；造型是服装的主体，要根据人体的特征和人体活动需要，通过服装的造型实现良好的着装效果，如图 1-14 所示。

3. 服装设计人员的职业素养

（1）扎实的美术基本功。

（2）良好的艺术审美能力。

（3）重视信息资料的收集整理。

（4）丰富的市场实践经验。

（5）良好的沟通协作能力。

图 1-14　服装设计三要素的应用

三、学习任务小结

通过本次任务的学习，同学们基本了解服装设计的概念以及服装设计从业人员的职业素养要求，希望能够结合所学知识，认真练好专业基本功，积极参加服装实践训练，开阔视野，提升审美能力，为今后的专业学习打下良好的基础。

四、课后作业

每人收集一个系列的服装作品，结合服装设计三要素分析这些服装作品的特点。

学习任务 三 服装的风格

教学目标

（1）专业能力：认识服装设计的风格种类，了解各种风格的特点。

（2）社会能力：通过教师引导、小组讨论、展示讲解，开阔学生视野，激发学生兴趣和学习动力，培养良好的表达能力。

（3）方法能力：学以致用，加强实践，通过不断学习和实际操作，培养设计师的基本素养。

学习目标

（1）知识目标：了解不同服装风格的特点以及风格与人的关系。

（2）技能目标：能够准确判断服装风格，指出服装设计的特点。

（3）素质目标：培养学生的团队合作意识、自主学习及主动探究的意识，激发学生对专业课的学习热情，培养良好的职业基础。

教学建议

1. 教师活动

教师前期收集各种服装风格的品牌图片和视频资料，运用多媒体课件、教学视频、情景模拟等多种教学手段，提高学生对服装风格的直观认识。

2. 学生活动

认真听课、细致观察、学以致用，积极进行小组间的交流和分享。

一、学习问题导入

服装风格是指一个时代、一个民族或一个流派的服装在形式和内容方面所显示出来的价值取向、内在品格和艺术特色。服装设计离不开风格的定位，服装风格表现了设计师独特的创作思想和艺术追求，也反映了鲜明的时代特色。

服装风格所反映的内容主要包括三个方面：一是时代特色、社会面貌及民族传统；二是材料、技术的最新特点和审美特点；三是服装的功能性与艺术性的结合。服装风格反映时代的社会面貌，服装款式千变万化，形成了许多不同的风格，有的具有历史渊源，有的具有地域渊源，有的具有文化渊源，以适合不同的场所、不同的群体，展现不同的个性魅力。

二、学习任务讲解

不同的服装风格类型如下。

1. 浪漫主义风格

浪漫主义风格源于 19 世纪的欧洲，主张摆脱理性的古典主义，反对艺术上的刻板僵化，追求人性的自由。在服装史上，1825—1845 年间被认为是典型的浪漫主义时期。这一时期服装的特点是凸显直觉，比如细腰丰臀呈现出 S 形，装饰夸张的帽饰，注重服饰整体线条的动感表现，使服装能随着人体的摆动而显现出飘逸、浪漫之感，凸显女性的柔美特质。浪漫主义风格重视色彩和情感，也重视走动时的氛围和美感。人们常用装饰物增添浪漫之感，比如使用毛边、蕾丝、水晶、流苏、刺绣、花边、荷叶边、蝴蝶结、花结和花饰等，如图 1-15 所示。

图 1-15　浪漫主义风格服装

2. 休闲风格

休闲装是相对于正装来说的，俗称便装，其穿着无拘束，自然而舒适。休闲风格分为前卫休闲、运动休闲、浪漫休闲、古典休闲和民族休闲等，只要在款式上添加休闲的版型，都可称为休闲风格。国内具有代表性的休闲服装品牌有海澜之家、七匹狼、唐狮、太平鸟、马克华菲、卡宾等，如图 1-16 所示。

图 1-16 休闲风格服装

3. 民族风格

民族风格即带有民族元素、民族特点，传承民族文化的服装风格。中国民族服装多以刺绣、蓝印花、蜡染、扎染为主要工艺，面料一般为天然面料，款式上具有民族特征或在细节上带有民族图案。目前流行的唐装、旗袍、汉服等为主要款式，如图 1-17 所示。

图 1-17 民族风格服装

4. 田园风格

田园风格的核心是回归自然，追求一种纯天然的、原始的、纯朴的美。田园风格的服装大多清新淡雅、自然舒适，体现出自然田园的风光。纯棉质地、小方格、均匀条纹、碎花图案、棉质花边等都是田园风格中常见的元素，如图 1-18 所示。

5. 朋克风格

朋克 (Punk) 是最原始的摇滚乐，朋克风格的服装是伴随着早期的摇滚乐产生的。英国时装设计师 Vivienne Westwood 被称为"朋克之母"。朋克的典型装扮有黑色网眼丝袜、皮带大环扣、格子超短裙、黑色皮革、铆钉等，这些都使朋克呈现一种与生俱来的性感和独特的韵味，如图 1-19 所示。20 世纪 90 年代以后，时装界出现了后朋克风潮，它的主要特征是鲜艳、破烂、简洁。

图 1-18　田园风格服装

图 1-19　朋克风格服装

6.波普风格

波普风格代表着 20 世纪 60 年代工业设计追求形式上的异化及娱乐化的表现主义倾向。从设计上来说，波普风格塑造夸张的、视觉感强的、比现实生活更典型的形象，强调新奇与奇特，并大胆采用艳丽的色彩，给人眼前一亮的感觉。波普艺术最主要的表现形式是图形，因此波普风格的服饰图案往往十分生动，并且洋溢着前卫的艺术气息，如图 1-20 所示。

图 1-20 波普风格服装

7.复古风格

复古是指将曾经的经典用新的方式重新创造出来，复古设计是创造经典的、历史性的新事物。复古风格强调继承、再现和发展。复古风格的服装特点体现为荷叶边领、方形领、灯笼袖、羊腿袖、蝴蝶领结、木耳边装饰、花卉元素、波尔卡圆点等，如图 1-21 所示。

图 1-21 复古风格服装

8. 洛可可风格

洛可可风格具有轻巧、精美、纤细、华丽的感觉，该风格有曲线趣味，常采用 C 形、S 形、漩涡形的曲线。在服装中大量运用夸张的造型、柔和艳丽的色彩以及自然形态的装饰，给人以奢华、浪漫的视觉效果。洛可可风格时期的色彩常用白色、金色、粉红、粉绿、淡黄等娇嫩的颜色。经典的造型样式有蕾丝边、褶边、金属饰边、荷叶边褶皱袖、紧身胸衣、蝴蝶结、缎带等，如图 1-22 所示。

9. 波西米亚风格

波西米亚风格是指保留着某种游牧民族特色的服装风格，鲜艳的手工装饰和粗犷厚重的面料，皮质流苏、手工细绳结、刺绣和珠串，都是波西米亚风格的经典元素。其服装色彩相对单纯，明度高，含灰性较高，以民族装饰图案为主。波西米亚风格代表着浪漫化、民俗化、自由化，浓烈的色彩给人强烈的视觉冲击力，如图 1-23 所示。

图 1-22 洛可可风格服装

图 1-23 波西米亚风格服装

三、学习任务小结

通过本次任务的学习，同学们已经初步了解服装风格的概念以及每种风格的代表特征等基本知识。在服装设计中，服装风格的应用是非常重要的，同学们课后还要通过学习和社会实践，熟练掌握服装风格的分类和应用。

四、课后作业

（1）收集和整理以上 9 种服装风格的代表品牌及作品。

（2）以组为单位对资料进行归纳整理，并制作成 PPT 进行展示讲解。

项目二
服装设计三要素

学习任务 一　服装面料

教学目标

（1）专业能力：了解服装面料的基本知识，认识服装面料的组成和分类。

（2）社会能力：通过教师讲授、课堂师生问答、小组讨论，开阔学生视野，激发学生兴趣和求知欲。

（3）方法能力：学以致用，加强实践，了解服装面料的基本知识、特性、适用范围和制作工艺等内容。

学习目标

（1）知识目标：通过本次任务的学习，能够理解和掌握服装面料的基本知识。

（2）技能目标：能够分析面料的分类和作用，大胆运用服装面料进行创作。

（3）素质目标：将理论与实践相结合，结合市场实践开阔视野，为日后的专业学习积累经验。

教学建议

1. 教师活动

（1）教师前期收集各种服装面料实物样板、图片和视频等资料，并结合多媒体课件、教学视频等教学资源，提高学生对服装面料的直观认识。

（2）尽量使知识点讲授和应用案例分析深入浅出、通俗易懂。

（3）引导课堂师生问答，互动分析知识点，引导课堂小组讨论。

2. 学生活动

（1）课堂上认真听课、做笔记，积累资料。

（2）课后积极参与面料市场实践活动，收集各类面料进行分析学习。

一、学习问题导入

服装面料作为服装设计的重要载体，主要分为面料和辅料两大类。设计师要实现设计构思，首先要具备识别面料、选择面料和应用面料的能力，如图 2-1 和图 2-2 分别为服装面料的局部设计效果图和成衣效果图。

图 2-1 服装面料的局部设计效果图

图 2-2 服装面料的成衣效果图

二、学习任务讲解

服装材料的取材范围很广，从服装面料方面来归纳，按其原材料可分为天然纤维、皮革与裘皮、化学纤维、混纺四大类。

1. 天然纤维

（1）棉织物。

棉织物以优良的使用性能成为最常用的面料之一。棉织物又叫棉布，是指以棉纤维作原料的布料，广泛用于服装面料、装饰织物和产业用织物。随着纺织印染加工的深入发展，棉织物品种日益丰富，外观、性能及档次也不断提高。

棉织物吸水性强，耐磨、耐洗，柔软舒适，夏季穿着透气凉爽，冬季穿着保暖性好。但其弹性较差，缩水率较大，容易起皱且折痕不易恢复，耐碱不耐酸，纯棉织物易发霉、变质，但抗虫蛀。常见的棉织物品种有平布、细纺、府绸、斜纹布、卡其布、牛津布、平绒、灯芯绒等，如图 2-3 和图 2-4 所示。

（2）麻织物。

麻织物是以麻类植物纤维制成的面料，不如棉纤维柔软，其染色性、保形性也不及棉纤维，但具有吸湿散热、挺括透气、抗皱易洗、穿着不易贴体、质地松散的特点，具备特殊的肌理风格及天然的光泽。未经过柔软处理的麻织物表面粗糙，贴体有刺痒感，不适宜做内衣。麻织物色泽柔和，风格优雅，能很好地表现出现代都市人渴望返璞归真、随性自由的审美情趣。麻的种类很多，可以用作纺织纤维材料的主要有苎麻、亚麻、黄麻、罗布麻、大麻等软质麻纤维。苎麻、亚麻、罗布麻经过适当加工处理可织成高档衣料，如图2-5所示。

图2-3 棉织物制作的童装　　　图2-4 棉织物制作的瑜伽服

（3）丝织物。

丝织物可分为蚕丝、柞蚕丝、人造丝等，丝织物柔软平滑、拉力强、弹性好、不导电、凉爽舒适、吸湿透气、质地轻薄飘逸，有着特殊的光泽，风格华丽高雅，是女装礼服、夏季服装、内衣等高端产品的最佳选择。丝织物的缺点是容易起皱，不耐高温熨烫、不耐日晒、不耐汗渍，如图2-6所示。

图2-5 麻织物与麻布服装

（4）毛织物。

毛织物是以动物皮毛为原料制成的面料。毛织物手感柔软饱满、富有弹性、抗皱保暖、吸湿耐磨，可塑性强，风格独特，色泽纯正，主要用于冬季高档西服、大衣等类型的服装。纯毛织物的价格昂贵，如果想要降低成本，可以选择含毛混纺类织物。毛织物的缺点是水洗容易缩水、褪色，容易虫蛀，在热碱溶液中容易产生缩绒现象，所以毛织物的产品应该选择干洗，并应注意防虫蛀。常见毛织物品种根据制作工艺分为精纺呢绒、粗纺呢绒，根据材质分为长毛绒、驼绒、羊毛等，如图2-7所示。

图2-6 丝织服装

图 2-7 粗纺呢绒面料及服装

2. 皮革与裘皮

（1）皮革是经脱毛和鞣制等物理、化学加工所得到的不易腐烂的动物皮，具有原始野性的风格和独特的皮肤质感，常用来表现男性化或酷感十足的风格。皮革分为真皮、再生皮和人造革，如图 2-8 所示。

（2）裘皮大多用貂、狐、鼠、羊等动物皮毛制作而成，穿着后显得雍容华贵，有极佳的保暖性，是一种非常珍贵的服装材料。在当今提倡动物保护和环保的观念影响下，这一类服装材料已大幅度减少，如图 2-9 所示。

图 2-8 皮革服装　　　　　　　　图 2-9 裘皮服装

3. 化学纤维

化学纤维是以天然高分子化合物或人工合成的高分子化合物为原料，经过制备纺丝原液、纺丝和后处理等工序制得的具有纺织性能的纤维。化学纤维分为人造纤维和合成纤维。主要品种有涤纶（挺括不皱）、粘胶（吸湿易染）、锦纶（结实耐磨）、腈纶（蓬松耐晒）、维纶（水溶吸湿）、丙纶（质轻保暖）、氨纶（弹性耐光）等，如图 2-10 ~ 图 2-12 所示。

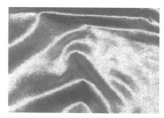  

图 2-10 尼龙　　　　　图 2-11 涤纶　　　　　图 2-12 人造丝

4. 混纺

混纺即混纺化纤织物，是化学纤维与其他棉、毛、丝、麻等天然纤维混合纺纱织成的纺织产品。混纺既有涤纶的风格，又有棉织物的长处，如用羊毛和涤纶混纺制作的裤子既保持了毛料较好的保暖性和吸湿透气性，又增添了涤纶不易起皱的挺括的特性，混纺面料是目前纺织界开发新面料最多的领域。混纺分为毛粘混纺、羊兔毛混纺、TR 面料、高密 NC 布、3M 防水摩丝布、天丝（TENCEL）面料、柔赛丝、TNC 面料、复合面料等。

三、学习任务小结

通过本次任务的学习，同学们已经初步了解服装面料的分类及性能。在服装设计过程中，服装面料的选择和应用是非常重要的。同学们课后还要通过学习和社会实践，学会运用不同面料进行服装设计。

四、课后作业

每位同学收集和整理不同原料的面料小样，钉成一个九宫格的样卡作业，并标注出面料的名称和性能特点。

学习任务

二　服装色彩

教学目标

（1）专业能力：提高服装色彩设计的感知能力，能运用配色表达服装的设计理念，烘托服装的风格主题。

（2）社会能力：把握流行趋势的脉搏，使服装色彩的生命力在服装设计、服装生产和服装销售过程中最大限度地体现出来。

（3）方法能力：掌握色彩搭配的基本方法，培养独到的服装色彩设计思维。

学习目标

（1）知识目标：了解色彩的基本知识，掌握色彩三要素之间的关系，认识服装色彩的性质，学习服装色彩的配色原理和搭配技巧。

（2）技能目标：掌握色彩组合的类型和规律，掌握服装色彩的设计原理，培养对色彩的运用能力。

（3）素质目标：从审美层面、风格层面、功能层面和材质层面理解服装色彩设计的内涵和原则，提高审美能力以及对服装色彩设计的驾驭能力。

教学建议

1. 教师活动

（1）教师收集大量具有代表性的服装色彩作品并进行展示及讲解，加强学生对服装色彩设计的直观认识，培养学生的审美情趣。

（2）教师通过展示往届学生服装色彩设计作业，分析其中的色彩设计要点，让学生在欣赏的同时感受设计思维的提炼思路，增强学习自信。

2. 学生活动

（1）听老师讲解服装色彩设计的相关知识，提高服装色彩的认知水平。

（2）收集具有代表性的服装色彩图片，并现场展示和讲解，分析色彩在其设计中起到的作用，锻炼语言表达能力和综合审美能力。

一、学习问题导入

图 2-13 所示的是设计师郭培设计的高级定制服装，米黄色面料和金色装饰细节的结合让服装显得协调统一、奢华高贵。图 2-14 是 Saint Laurent 2020 年发布的秋冬时装，紫色外套搭配深红色的紧身裤，再缀以明黄色围巾，色彩对比强烈，整体形象硬朗、干练。这两套服装具有哪些不同的色彩美感？设计师在进行色彩设计时遵循哪些配色规律和设计原理？

图 2-13 郭培设计的高级定制服装

图 2-14 Saint Laurent 秋冬时装

二、学习任务讲解

1. 服装色彩的基础知识

（1）色彩三要素。

色彩具有三大属性，即色相、纯度、明度。对色彩三要素的理解可以结合孟塞尔色立方来认识和学习，如图 2-15 所示。色相，指色彩的相貌，如红色相、黄色相、绿色相等。在色立体中，横向一圈的色彩代表着不同的色相。纯度又叫彩度，是指色彩的饱和度或鲜艳度。原色纯度最高，间色次之，复色纯度最低。在色立体中，外围到轴心是纯度逐渐降低的过程。明度指的是明暗程度，白色明度强，黄色、蓝色依次降低，黑色最弱。在色立体中，由下到上是色彩明度逐渐降低的过程。

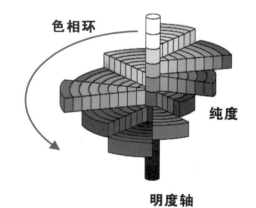

图 2-15 孟塞尔色立方

（2）服装色彩设计的意义。

色彩在服饰设计中具有特殊意义，这种意义体现在以下几个方面。

① 装饰性。

服装的色彩本身具备装饰性，即便抛却其穿着功能，就服装外在的色彩来说，也是具有欣赏价值的。充分运用各种色彩的组合关系，能够体现服饰色彩调配的协调性和整体性。

② 象征性。

不同的色彩具有不同的表现特征，服装的色彩具有强烈的象征性，例如白色在西方文化中象征着纯洁，被应用在婚纱设计中，而中华民族传统的婚纱颜色则是红色的，因此形成了中国红的色彩形象。此外，服装色彩在不同时期也存在着象征性的差异，例如黄色在中国古代是皇权的象征，平民不准使用，而现代社会则没有这种禁忌。

③ 实用性。

服装色彩是应用型色彩，它要求符合实用目的，例如沉稳的驼色系和中性的无彩色常常用于空乘制服的配色中，体现了空乘服务人员知性大方、有修养、可信赖的职业特点；荧光色的消防服装醒目显眼，符合消防人员的高危职业需求。因此，人们职业、地位、文化程度、社会阅历、年龄、性别、生活习惯等条件不同，审美情趣千差万别，服装色彩的格调要求也各有不同。

④ 区域性。

不同国家、民族和地区的服装具有不同的色彩特征和倾向，体现着人们的审美和情感。如中国传统的宫廷用色以黄色为代表色，呈现华丽辉煌的视觉特征；民间用色则以蓝印花布的蓝色和红花布的大红色为主，一个朴素内敛，一个热情洋溢。欧洲的宫廷服饰色彩也极具特色，多用米白色、金色、浅褐色、绛红色和宝石蓝等色彩，以高度和谐的色系体现华丽高贵、典雅端庄的服饰风格。非洲传统服饰色彩鲜艳、明快，常用对比强烈的中黄、橘黄、大红、湖蓝等色，与深暗的肤色相衬，构成了鲜明强烈的非洲风格，如图 2-16 ～ 图 2-18 所示。

图 2-16 中国传统服装色彩

图 2-17 欧洲宫廷服装色彩

图 2-18 非洲民族服装色彩

2. 服装色彩的搭配方法

服装色彩的搭配可以通过色相环进行组合，如图 2-19 所示。
主要有以下几种搭配方式。

（1）同类色搭配法。

选择色相相同，明度、纯度不同的色彩进行搭配，如深蓝、蓝、
浅蓝或深紫、紫、浅紫等。其整体效果协调统一，给人以端庄、优
雅、沉静、稳重之感，如图 2-20 所示。

（2）邻近色搭配法。

运用色环中间隔 30° 的颜色进行搭配。其色相对比弱，色彩
感觉柔和，可以通过加强纯度和明度对比增加色调的节奏感，如图
2-21 所示。

（3）互补色搭配法。

色环中相隔 180° 的颜色是对比最强烈的互补色，适合表现夸张的服饰风格，适当调整色彩的明度和纯度
可将色调变得柔和、自然，如图 2-22 所示。

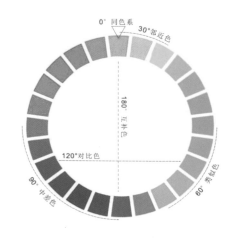

图 2-19　24 色相环

图 2-20　同类色搭配

图 2-21　邻近色搭配

图 2-22　互补色搭配

（4）多色搭配法。

多色搭配法通常以其中一个颜色为主色，通过色彩面积的对比达到均衡的效果，或是互为近似色、互补色、
同类色等的几个颜色均势搭配。效果协调的多色配色能够取得优美、活泼的视觉效果，如图 2-23 所示。

（5）无彩色搭配法。

无彩色是指黑、白、灰和金、银等色。由于无彩色属于中性色，不具备强烈的视觉冲击力，配色应用率最高，
与任何色彩搭配都容易取得调和的效果，如图 2-24 所示。

此外，服装色彩搭配还要考虑与面料之间的关系，不同的面料质感对色彩的呈现效果也会不同，如亮面材质的面料，其反射的环境色彩会对服装本身的色彩产生影响。

3. 服装色彩的设计原理

（1）服装色彩必须满足审美需求。

不同人群的审美需求有所区别，服装色彩要根据消费者年龄、性别、气质和体型进行设计。例如童装的色彩可以鲜艳、活泼；老年人的服装色彩则应端庄、稳重，如图 2-25 所示。

图 2-23 多色搭配

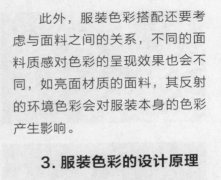

图 2-24 无彩色搭配

（2）服装色彩必须与服装功能相协调。

根据使用功能的不同，服装可以分为家居服、运动服、制服、劳保服、舞台服等，服装配色应针对各类服装的特定要求进行设计。如制服的色彩设计要与企业的形象相统一，舞台服要考虑舞台背景和舞台灯光等因素，如图2-26 所示。

图 2-25 不同人群的服装色彩审美差异

（3）服装色彩设计要考虑服装的材质要求。

服装色彩与材质面料结合可以产生更为丰富的情感效应和装饰效果，如图 2-27 所示。

图 2-26 航空制服和舞台服的功能性色彩设计

图 2-27 服饰材质与色彩的组合关系

图 2-28 色彩调和 1

图 2-29 色彩调和 2

（4）服装色彩搭配要注意色彩间的协调性。

服装色彩搭配要注意色彩间的协调性，一般需要确定一个主色调，然后围绕主色调进行色彩面积、比例、面料的搭配。对于不协调的色彩，可采取以下方法进行调和。

① 调整颜色面积，如图 2-28 所示，以大面积的蓝色降低红色和蓝色之间的冲突和对比，使色彩整体更为统一。

② 在一种色彩中加入另一种色彩，如图 2-29 所示，在互为对比色的红绿色中，增加背景颜色黄色的点缀细节，以达到画面的协调效果。

③ 在两种不调和的颜色交接处，用晕染的办法使两色变得调和，如图 2-30 所示。

④ 选择黑、白、灰或金、银等色中的一色，将不调和的色彩隔开，如图 2-31 所示。

图 2-30 色彩调和 3

图 2-31 色彩调和 4

三、学习任务小结

通过本次课的学习，大家已经了解了服装色彩设计的基础知识，通过一系列服装色彩作品的赏析，提高了色彩设计与搭配能力。课后，大家要认真完成服装色彩设计作业，并在练习中归纳服装色彩搭配的技巧。

四、课后作业

每位同学收集 10 张具有代表性的服装色彩设计作品，分析色彩在其中起到的作用，制作成 PPT 在课堂上进行现场讲解与分析。

学习任务

三

服装造型

教学目标

（1）专业能力：了解服装造型的基本知识，掌握服装造型的定义、影响服装造型的主要部位、服装外轮廓造型和内部造型的分类，以及廓形的演变。

（2）社会能力：关注服装流行趋势，了解服装造型的构成要素及分类，运用所学造型知识进行不同的服装造型创意设计。

（3）方法能力：资料收集与整理能力，服装造型案例分析、创意造型设计能力。

学习目标

（1）知识目标：理解和掌握服装造型的基本知识。

（2）技能目标：能够理解服装造型的定义和分类，并能举一反三分析不同服装的造型特点。

（3）素质目标：能够明确、清晰地进行服装设计作品的造型设计分析，提高运用服装造型进行创作的能力。

教学建议

1. 教师活动

（1）教师展示前期收集的各种服装造型图片实例和视频等资料，并运用多媒体课件、教学视频等多种教学手段，提高学生对服装造型的直观认识。

（2）教师通过对服装造型的分析与讲解，让学生理解服装造型的设计方法。

（3）引导课堂师生问答，互动分析知识点，引导课堂小组讨论。

2. 学生活动

（1）选取不同的服装造型案例进行分析与讲解，提升审美能力和表达能力。

（2）学以致用，分组交流和讨论，完成造型创意设计作业。

一、学习问题导入

服装造型是服装给人的第一印象，服装造型设计是服装设计的基础，本节主要学习有关服装造型设计的知识，让大家学会怎样去构想与表达自己的造型设计。造型看似简单，却充满了视觉上的神秘感，它奠定了服装空间体积和重量的基调，同时还是服装发展和演变的象征，如图 2-32 所示。

图 2-32 服装造型设计

二、学习任务讲解

1. 服装造型的定义

服装造型是指服装外部轮廓的剪影，简单来说就是廓形。廓形是全套服装外部造型的大致轮廓。廓形是服装造型的根本，它进入视觉的速度和强度高于服装的局部细节，仅次于色彩。因此，从某种意义上来说，服装的造型和色彩决定了服装带给人的总体印象。

廓形之所以如此重要，在于人类的视觉系统自有一套处理视觉信息的特定程式。人类在进化过程中，大脑依照从整体到局部再到整体，从简单到复杂再到升华的顺序来认识对象。因此，在观察服装时，人自然而然地会首先去识别服装的整体形状，然后再去细细品味其中的各类细节。廓形作为服装最容易捕捉到的造型特征，决定了服装给人的第一印象。而且，形是服装造型高度凝练后的基本特征，它也成为服装留给人的终极印象，从而被当作符号用来总结不同设计师的风格和不同时代的服装风貌，如图 2-33所示。

图 2-33 不同服装造型给人的第一印象

2. 影响服装造型的主要部位

　　服装造型的变化主要看这几个关键部位，即肩、腰、臀和底摆，如图 2-34 所示。服装造型的变化也主要是对这几个部位的强调或掩盖，因其强调或掩盖的程度不同，形成了各种不同的造型。

　　（1）肩：肩线的位置，肩的宽度、形状的变化会对服装造型产生影响。如袒肩与耸肩的变化，如图 2-35 所示。

　　（2）腰：腰线高低和松紧的变化，形成高腰式、正腰式、低腰式、束腰型与松腰型，如图 2-36 所示。

　　（3）底摆：底摆就是底边线，在上衣和裙装中通常叫下摆，在裤装中通常叫脚口，也是服装外形变化的最明显的部位。这部分有长短变化、形态变化（不对称、收紧、放开）、维度变化（裙撑、腰垫、鲸骨裙）。

3. 服装外轮廓造型的分类

　　（1）字母形。

　　最典型的字母形服装造型有 5 种：A 形、H 形、T 形、X 形、O 形，如图 2-37 所示。

图 2-34　影响服装造型的关键部位：肩、腰、臀和底摆

图 2-35　影响服装造型的部位：肩（袒肩与耸肩）

图 2-36　影响服装的造型部位：腰（束腰与松腰）

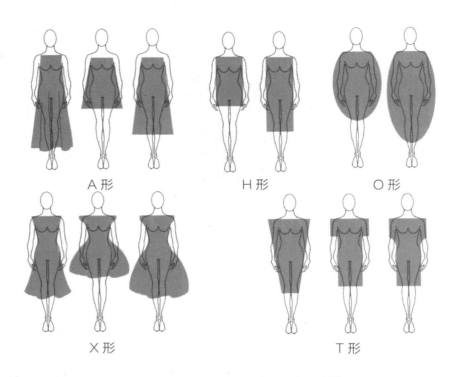

图 2-37 服装造型字母形态示意图

① A 形。

A 形服装造型从上至下呈梯形式逐渐展开，以不收腰、宽下摆或收腰、宽下摆为基本特征。上衣一般肩部较窄或裸肩，衣摆宽松肥大；裙子和裤子均以紧腰阔摆为特征。整个造型类似于大写字母 A，给人可爱、活泼而浪漫的感觉。

Dior 于 1947 年发布"New Look"，即"新样式"，其特点为：圆润平缓的自然肩线，高挺的胸部，束细的纤腰，用衬裙撑起来的宽摆长裙，长过小腿肚，离地 20cm，搭配高跟鞋，外形优雅，女人味十足，如图 2-38 ～图 2-40 所示。

图 2-38 Dior 发布的 "New Look"　　　　图 2-39 A 形服装造型 1　　　　图 2-40 A 形服装造型 2

② H 形。

H 形服装造型的主要特征：服装的肩部和下摆的宽度几乎相同，整体呈直线形，所以也称为箱形。整体外形给人修长、简洁、利落的感觉，该造型的服装适合传达中性化和简洁干练的意味。上衣和大衣以不收腰、窄下摆为基本特征。衣身呈直筒状，裙子和裤子也以上下等宽的直筒状为特征，经常被应用于男装、运动装、休闲装和家居服中，如图 2-41 所示。

③ T 形。

T 形服装造型是一种上宽下窄的类似于倒梯形或倒三角形的外轮廓造型。在设计中强调肩部造型，呈现出大方、硬朗的设计风格。T 形外轮廓较宽松，通常是连体袖或者插肩袖的设计。T 形服装造型表现出强烈的男性特点，所以常常出现在男性服装设计中。其夸张的肩部设计也常常被应用在职业女装设计或较为夸张的表演服和前卫服装设计中，如图 2-42 所示。

图 2-41 H 形服装造型

图 3-42 T 形服装造型

④ X 形。

X 形服装造型的特点是肩部高耸，臀部呈现自然形态，并且在腰部收紧，从而勾勒出女性身材的曲线，充分塑造出女性柔美、性感的特点。X 形服装造型富有女人味，所以经常用于经典和淑女的服装风格设计中，如图 2-43 所示。

⑤ O 形。

O 形服装造型呈现上下口线收紧的椭圆，肩部、腰部以及下摆没有明显的棱角，特别是腰部线条松弛，不收腰，整体造型较为丰满、圆润。O 形又称作茧形，具有自然界中的有机形态，给人以温柔、包容的安全感。O 形线条具有休闲、舒适、随意的特点，可以掩饰身体的缺陷，充满幽默而时髦的气息，如图 2-44 所示。

此外，还有 S 形服装造型：胸、臀围度适中而腰围收紧，通过结构设计、面料特性等手段达到体现女性"S" 形曲线美的目的。

图 2-43 X 形服装造型

图 2-44 O 形服装造型

Y 形服装造型：肩部夸张，身形细长。我们通常看到的短上衣配细长"一步裙"就是典型的 Y 形服装造型。它对美化女性整体造型、突出女性特点都有着独特之处。

V 形服装造型：肩部较宽，往下逐渐变窄，整体外形较为夸张，与 Y 形服装造型类似。

（2）几何形。

几何形服装造型是直线和曲线的组合，任何服装的造型都是单个几何体或多个几何体的组合。几何形有立体和平面之分，如三角形、方形、圆形、梯形等属于平面几何形；长方体、锥体、球体属于立体几何形。这种服装造型整体感强，特点清晰、分明，如图 2-45 所示。

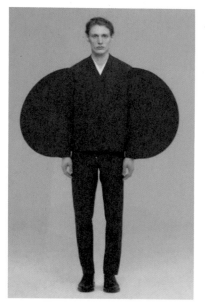

图 2-45 几何形服装造型

（3）物象形。

服装造型设计可以从大自然和生活中寻找灵感，如郁金香形、喇叭形、酒杯形、纺锤形等。造型一般以具体的事物命名，如气球形、钟形、酒瓶形、木栓形、磁铁形、帐篷形、陀螺形、圆桶形、蓬蓬形等，这种分类容易记忆，便于辨别。

4. 服装内部造型的分类

（1）省道线。

省道线是指捏合省量之后呈现出的线条，省道一般出现在胸、腰、臀、肩、领口、手肘、后背等人体曲线最明显的部位。

（2）分割线。

分割线又称为剪辑线、开刀线。它的作用是从服装造型美出发，把衣服分割成为几个部分，然后缝制成衣，兼有或取代收省道作用，以求适体、美观。分割线按对称形式可分为对称分割、非对称分割；按分割方向划分为水平分割、斜线分割、弧线分割。

（3）褶裥。

褶裥是服装内轮廓线设计的一种形式，是将布料折叠后缝制成多种形态的线条状，外观富于立体感，给人以动感。褶裥有较强的装饰感，可分为阴裥、阳裥、折裥、抽裥（褶边）等。

各种服装内部造型如图2-46 ~ 图2-49所示。

图2-46 省道线内部造型　　图2-47 褶裥内部造型1　　图2-48 褶裥内部造型2　　图2-49 分割线内部造型

5. 服装造型的演变

造型是区别和描述服装的重要特征，造型的变化是服装流行款式演变最明显的特点，如20世纪40年代的A形、50年代的帐篷形、60年代的酒杯形、70年代的X形、80年代初的H形等。甚至有人把"流行"一词定义为"某种东西形成的方式，是一种轮廓或外貌"。因此，造型的设计和完成需要服装设计师投入大量的精力。

此外，服装款式的流行预测也是从服装造型开始的，设计师可以从服装造型的更迭变化中，分析服装发展演变的规律，进而可以更好地预测和把握服装流行趋势。每一季的服装造型都会有所变化，但一般非常细微。因此，想要设计出的服装兼具品位与时尚感，仔细地观察、揣摩，抓住每一季流行服装的造型特点是一种很好的参考方式，如图 2-50 所示。

图 2-50 服装造型的演变

三、学习任务小结

通过本次任务的学习，同学们已经初步了解了服装造型的定义、影响因素、分类及演变等知识，对服装造型有了全面的认识。在服装设计过程中，服装造型是三大要素之一，造型的应用非常重要且广泛，同学们课后还要通过学习和社会实践，逐步提高服装造型设计能力。

四、课后作业

以小组为单位，使用所学服装造型知识，绘制两款不同造型的礼服效果图。

项目三
服装设计的美学法则

学习任务

一 形式美法则的基本概念

教学目标

（1）专业能力：了解形式美法则的基本概念，能根据不同的形式美法则绘制设计图；能从服装作品中提炼形式美元素，并运用到服装设计中。

（2）社会能力：能从美学角度尝试分析服装设计形式美的表达。

（3）方法能力：资料收集、整理和分析能力，设计审美能力。

学习目标

（1）知识目标：了解形式美法则的概念和构成要素。

（2）技能目标：能够从设计案例中分析服装设计的形式美，并能阐述作品的设计理念。

（3）素质目标：能够研究、探索形式美的法则，能表述设计作品中的形式美。

教学建议

1. 教师活动

教师通过各种艺术时尚服装秀场视频播放，提高学生对形式美法则的直观认识。同时，收集各类别服装设计案例进行展示，提高学生的艺术审美能力

2. 学生活动

（1）选取设计案例中的作品进行深度分析，制作思维导图展板，并现场展示和解说，训练表达能力和审美能力。

（2）收集日常穿着服装中所看到的形式美的图片，并分类整理，便于以后查找，为后期创作做储备。

一、学习问题导入

在人类衣、食、住、行四大需求中，衣排行第一。从古至今，人类对美的追求一直存在。不同设计专业领域里，美学设计形式也有不同的体现。下面一起来看日常生活中所见的事物和服饰上局部细节设计是如何采用形式美法则的，如图 3-1 所示。

图 3-1 形式美法则在日常事物和服装中的应用

二、学习任务讲解

1. 形式美法则的概念

形式美是客观事物外观形式的美感，包括形、色、光、质等外形因素以及将这些因素按一定规律组合起来，以表现艺术美感的表现形式。从古希腊毕达哥拉斯学派到亚里士多德，再到黑格尔、荷迦兹等都对形式美做了探讨，但都存在割裂内容与形式的倾向，马克思主义对形式美做了科学的分析，认为色彩、线条、形态等本是现实事物的属性，按照一定规律组合起来，就具有了审美意义。

形式美法则的组合规律包括两个层次：一是总体组合规则，要求达到多样统一；二是各部分组合规律，包括均衡、对比、对称、比例、节奏、韵律等。艺术设计作品中的形式美，是一切艺术形式中普遍具有的一种艺术因素。形式美与内容美密切联系，一切美的内容都必须以一定形式表现出来，形式美不能脱离内容而存在。

图 3-2 色彩在服装设计中的
应用 1

2. 形式美法则的构成要素

形式美法则的构成要素分为两大部分，一是构成形式美的感性要素，二是构成形式美的感性要素之间的组合规律，或称构成规律。

构成形式美的感性要素主要是色彩、形状和线条。色彩既有色相、明度、纯度的属性，又有色性差异。色彩具有情感属性，形成色彩的美感体验。把色彩、线条、形体按照一定的构成规律组合起来，就形成色彩美、线条美、形体美等形式美表现形式。

（1）色彩美。

色彩是视觉感官最直接感知的形式美要素。由红、黄、蓝三种基本色之间的互相调和与渗透，产生出丰富的色彩变化与组合。每种色彩都有自己的特性，可以在视觉上、情感上产生不同的审美效果。对色彩的明暗、冷暖处理，可以形成形体感、温度感，这是色彩的视觉效果。色彩可以对人的生理、心理产生特定的影响，如红色通常显得热情、活泼、喜庆、兴奋；蓝色显得宁静、悠远、凉爽；绿色显得休闲、青春、清爽；白色显得纯净、洁白、素雅；黄色显得明亮、欢快等，这是色彩的感情效果。色彩广泛应用于服装艺术设计领域，表现出服装不同的情感效果，如图 3-2 和图 3-3 所示。

图 3-3 色彩在服装设计中的应用 2

（2）线条美。

线条包括直线、曲线、折线等形态，且各有不同的审美特性。直线具有力量、稳定、阳刚、坚硬的意味；曲线具有柔和、流畅、轻柔、优美的意味；折线具有速度、突然、转折的意味。长而曲的线条秀气，粗而短的线条厚重，曲线显得柔美，直线显得刚硬。多种线条的有规则的组合，可以塑造新的形体，而不同的形体可以唤起不同的审美感觉。

在服装设计中线条表现为外轮廓造型线、剪辑线、省道线、褶裥线、装饰线以及面料线条图案等。服装形式美的构成，无处不显露出线条的创造力和表现力。例如法国迪奥（Dior）品牌在服装线条设计上具有独到见解，相继推出了著名的时装轮廓 A 形线、H 形线、S 形线和郁金香形线，引起了时装界的轰动。在设计过程中，巧妙改变线条的长度、粗细、浓淡等比例关系，会产生出丰富多彩的构成形态，如图 3-4 和图 3-5 所示。

图 3-4 服装中的线条美 1

图 3-5 服装中的线条美 2

（3）形体美。

形体美即人的形体结构的美。古希腊十分重视人的形体美，将之称为"身体美"。毕达哥拉斯学派认为身体美在于各部分之间的比例匀称。柏拉图认为身体的优美与心灵的优美和谐一致，是最美的境界。

丹纳在《艺术哲学》一书中这样描述古希腊服装："这些服装一举手就可以脱掉，绝对不裹紧身体，但是能刻画出大概的轮廓。"古希腊人从几千年前就已懂得

图 3-6 古希腊服饰体现的形体美

图 3-7 旗袍和鱼尾裙礼服体现的形体美

利用服饰给自己进行"人体修饰"，达到美学效果，体现人体轮廓线条美感。

旗袍是中国体现形体美的代表性服饰之一。"旗服溢彩衬娇莺，张显媚姿美韵盈"，旗袍完美展示女性的时尚优雅、美丽温婉。修身的款式与女性的身材特点完美契合，极力塑造女性的形体美，如图 3-6 和图 3-7 所示。

三、学习任务小结

通过本任务的学习，同学们已初步了解服装设计形式美法则的基本概念和构成要素。通过视频与服装设计图片的展示和分析，直观地了解了形式美学如何应用于服装设计之中，提高了对形式美法则的深层次理解。课后，大家需要认真整理课堂笔记，完成形式美学法则设计作品分析稿。

四、课后作业

每位同学收集 10 幅能体现形式美法则的服装设计作品，并制作成 PPT 与同学们分享。

学习任务

二

美学法则在服装设计中的应用

教学目标

（1）专业能力：了解形式美法则的表现形式。

（2）社会能力：关注日常生活中形式美法则应用于服装设计的案例。

（3）方法能力：信息和资料收集、整理、归纳能力，设计案例分析、提炼及应用能力。

学习目标

（1）知识目标：理解形式美法则的表现形式之间的区别和内在联系。

（2）技能目标：能够从服装设计案例中提炼形式美法则。

（3）素质目标：能够清晰表述形式美法则的表现形式及特点。

教学建议

1. 教师活动

（1）教师讲授形式美法则的表现形式及其在服装设计中的应用案例，提高学生对形式美法则的认知。

（2）教师通过对运用形式美法则的服装设计作品的展示与分析，让学生学会从各类服装设计案例中提炼形式美法则的设计元素。

2. 学生活动

（1）认真听课、做笔记，积极完成课堂作业。

（2）分组进行现场展示和讲解，练习语言表达能力和团队沟通协作能力。

一、学习问题导入

服装作为时代的影子，随着时代的变迁而不断更新。服装设计师在进行设计的过程中，不仅要了解和熟悉各种设计形式，还要善于把不同形式要素进行重组和再创造。形式美法则到底是如何运用到服装设计上的呢？带着这个问题，我们来看看下面的图片，分析服装设计中的形式美特点，如图 3-8 和图 3-9 所示。

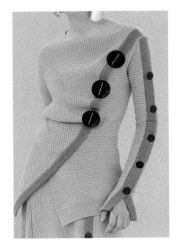

图 3-8 服装细节设计与材质对比

图 3-9 服装图案印花设计

二、学习任务讲解

服装形式美法则主要有以下几种表现形式。

1. 强调

强调法则也叫作焦点法，是指在整体搭配上使人的视线落在被强调的部分的设计表现形式。因为不同风格的服装有不同的设计特点，"强调"经常用作视觉的引导，形成视觉中心，吸引目光的注视，强化典型特征。强调还可用于转移焦点，用以修正人体的缺陷，如表 3-1 和图 3-10 所示。

表 3-1 强调分类及应用特点

强调分类	强调造型	强调色彩	强调材质
应用特点	通过不同的服装造型凸显人体的形体美，弱化人体缺陷，扬长避短	通过色彩的对比来突出服装的层次感和装饰美感	根据面料特点将面料进行改造，强调面料的可塑性和创造性

强调造型效果　　　　　　　强调色彩效果　　　　　　　强调材质效果

图 3-10　强调

2. 平衡

平衡是指设计要素之间达到均衡、稳定效果的设计表现形式。平衡可以分为对称（正平衡）和均衡（非正平衡）。对称是指服装在颜色、形状、材质、图案、工艺等元素上沿着中轴线的重复设置。对称形式给人的感觉是稳定、严肃、庄重，如图 3-11 所示。均衡是指两个以上的服装设计元素，在非对称的情况下相互取得形式上均匀、平衡的效果的表现形式。均衡可以通过改变图案面积大小和比例，变化色彩的搭配等手法，达到一种节奏美和韵律美，让整体造型既统一又丰富，如图 3-12 所示。

图 3-11　对称　　　　　　　　　图 3-12　平衡

3. 反复

反复是指设计要素如颜色、形状、材质、图案等出现两次或者两次以上的重复的设计表现形式。反复可以分为图案反复、颜色反复、工艺反复等。反复能够增加设计的秩序感和协调感，如表 3-2 和图 3-13 所示。

表 3-2　反复分类及应用特点

反复分类	图案反复	颜色反复	工艺反复
应用特点	图案反复对服装有着极大的装饰作用。服装设计依赖于图案纹样来增强其艺术性和时尚性，也成为人们追求服饰美的一种特殊要求	通过对颜色的反复形成视觉规律和色彩视错觉，从而达到与肤色、体态的协调，实现服装设计的统一和个性化。颜色反复可以产生条纹、格子、曲线等效果	工艺反复可以体现服装尊贵、优雅的品质。独特的装饰手法和艺术风格，经过专业的工艺处理，如钉珠、珠片、刺绣，突出服装的细节

图案反复

颜色反复

工艺反复

图 3-13 反复

4. 对比

　　对比是指通过颜色、形状、材质的差别形成的对立、比较效果的设计表现形式。对比在视觉上形成了反差，让设计要素之间相互突出，如表 3-3 和图 3-14 所示。

表 3-3　对比分类及应用特点

对比分类	面积对比	色彩对比	材质对比
应用特点	指设计元素在构图中所占面积的对比。面积对比给人直观明了的呈现	指各种色彩形成的对比效果，包括同类色对比、邻近色对比、对比色对比和互补色对比等	指不同质感和肌理效果的面料体现出的对比效果。可以表现不同设计风格的服装。

面积对比

色彩对比

材质对比

图 3-14　对比

5. 渐变

　　渐变是指设计元素按照一定的顺序逐渐变化的设计表现形式，形成一种递增或者递减的效果。渐变包括材质渐变、形状渐变、颜色渐变等，如表 3-4 和图 3-15 所示。

表 3-4　渐变分类及应用特点

渐变分类	材质渐变	形状渐变	颜色渐变
应用特点	对材质进行重组，排列出渐变效果，如从大到小、近实远虚等	基本形由大到小或由小到大的排列，形成远近深度及空间感。基本形曲直的搭配，形成节奏感和韵律感	由一种颜色进行明度、纯度的渐变，形成一定的秩序感和美感

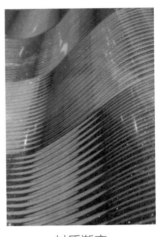

材质渐变　　　　　　形状渐变　　　　　　颜色渐变

图 3-15　渐变

6. 协调

协调是指把两种或多种不同特点的设计元素搭配得当的设计表现形式，如表 3-5 和图 3-16 所示。

表 3-5　协调分类及应用特点

协调分类	色彩协调	比例协调	材质协调
应用特点	色彩在明度、纯度上的共性元素提炼，可以让色彩在视觉上更加舒适、和谐	将设计要素进行尺寸和面积上的合理搭配，形成视觉上的协调感	根据设计风格和造型的需要，结合材质特性进行质感和肌理的协调，增强设计的统一性

色彩协调　　　　　　比例协调　　　　　　材质协调

图 3-16　协调

7. 节奏

节奏是指设计元素有规律的突变的设计表现形式，如表 3-6 和图 3-17 所示。

表 3-6 节奏分类及应用特点

节奏分类	线条节奏	形状节奏	色彩节奏
应用特点	根据线的长短、虚实、粗细、疏密等构成线条的节奏	根据形状大小、重叠、虚实、分割、连续等构成形状的节奏	根据色彩明度、纯度的变化构成色彩的节奏

线条节奏　　　　　　　　　　形状节奏　　　　　　　　　　色彩节奏

图 3-17 节奏

8. 韵律

韵律是指设计要素有组织、有节奏地排列的设计表现形式，如表 3-7 和图 3-18 所示。

表 3-7 韵律分类及应用特点

韵律分类	流动韵律	层次韵律
应用特点	元素的排列在连续变化中创造出流动感	面料以递进的形式变化创造出柔和、流畅的效果

三、学习任务小结

通过本次课的学习，同学们已经初步了解了服装设计形式美法则的表现形式和特点。服装设计中蕴含着美学的一般属性，从美学的角度去阅读、诠释服装设计，可以更深入地认识和了解服装作品的设计理念和内涵。课后，大家要认真整理课堂笔记，收集相关图片资料，完成形式美法则设计作品分析稿。

流动韵律　　　　　　层次韵律

图 3-18 韵律

四、课后作业

运用课堂所学的服装设计形式美法则要素进行服装设计练习。

学习任务 三 服饰图案设计

教学目标

（1）专业能力：了解国内外的经典服饰图案，能够分辨服饰图案造型的类别，并灵活运用图案进行服饰设计。

（2）社会能力：培养服饰图案设计的审美能力，训练造型技巧。

（3）方法能力：资料收集能力、设计创新能力、设计表现能力。

学习目标

（1）知识目标：了解服饰图案的定义和分类，分析服饰图案的构成形式，学习服饰图案设计的方法。

（2）技能目标：能合理地运用服饰纹样的表现技法，充分体现创意思路，结合服饰图案的特点，创造性地进行服饰图案设计。

（3）素质目标：理解服饰图案的内在规律和形式特征，探究图案文化背景，培养设计创新能力。

教学建议

1. 教师活动

（1）选取一个具有代表性的品牌服饰秀场视频在课堂上播放，讲评图案在服饰设计中的运用方法，并在课堂上发起讨论，让学生进行有关图案设计的思考。

（2）收集大量服饰图案设计作品并进行归类，结合课程内容进行展示和讲解，强化学生对知识点的理解。

2. 学生活动

（1）选取一类感兴趣的服饰图案造型，收集相关图片及文字资料进行深度分析，并现场展示和讲解，训练语言表达能力和综合审美能力。

（2）进行服装市场调查，采集相关资料，分析当前市场流行的服饰图案元素，为今后的创作设计储备素材。

一、学习问题导入

如图 3-19 ~ 图 3-22 所示，这是意大利知名服饰品牌华伦天奴发布的四套精美时装，这四套服装图案迥异，各有特色。请同学们仔细观察并思考一下，这四种图案分别具有什么样的造型、风格和设计特点呢？

图 3-19　华伦天奴时装 1

图 3-20　华伦天奴时装 2

图 3-21　华伦天奴时装 3

图 3-22　华伦天奴时装 4

二、学习任务讲解

1. 服饰图案的概念

服饰图案是指围绕服装及其装饰所出现的图案。服饰图案涉及广泛，它的内容不仅指衣、裙、裤上的图案，还包括鞋、袜、帽、包等物件上的装饰纹样。由于服饰图案是在特定物质材料上的艺术创作，因此，其既有艺术性，又具备一定的实用性和功能性。

2. 服饰图案造型的类别

通过对服饰图案的来源、风格和造型手法进行分析，可以将服饰图案归纳为具象图案、抽象图案、传统图案和流行图案四大类。

（1）具象图案。

具象图案是指有具体形象的图案，是图案的一种写实表现手法，也可以看作图案的一种艺术风格。具象图案是服饰图案中较为常见的图案样式，内容包罗万象，表现手法丰富。常见的具象图案有植物图案、动物图案和人物图案等。

① 植物图案。

植物图案类别多样，木本的梅花和竹子造型优美，形象高洁，是设计师展现个性和魅力的极佳图案。花朵图案如牡丹、芙蓉、莲花等，在唐代已成风气，寓意美好，是服饰图案中常见的内容。果实图案是植物图案中一个特殊的表现元素，稚拙、饱满的果实外形可以突出果实图案的生动趣味，而丰富的果实形组合则可以营造热烈、华美的图案气息。较花卉图案而言，叶子图案在造型上更具有平面的装饰感，不管是传统的唐卷草、忍冬纹，还是现代的兰草叶、龟背叶或枫叶，都是图案设计极好的素材，如图 3-23 ~ 图 3-25 所示。

图 3-23 竹纹图案服饰　　　　图 3-24 花卉图案服饰　　　　图 3-25 叶子图案服饰

② 动物图案。

在动物服饰图案中，鸟可谓是最具美感的动物之一，鸟的动态结构相对兽类动物要简单清晰，适合图案的变形，鸟的羽毛更是大自然造就的天然图案，为图案创作提供了不可多得的素材。昆虫也是动物图案中的一个大类，蝴蝶、蜻蜓的轻盈、对称美和绮丽的斑纹，是图案表现的极佳元素。此外，走兽图案是休闲服饰和儿童服饰中常见的图案之一，水族动物图案，如鱼的图案也是常见的服饰图案，如图3-26和图3-27所示。

③ 人物图案。

在中国，人物题材的织物图案早在晚唐时期就出现了，此后的"戏婴图""百子图"服装也逐渐普及，表现了人们对多子多福的一种向往和追求。欧洲18世纪的服饰中也十分流行人物图案，如具有代表性的法国朱伊图案。此外，脸谱图案也是人物图案的一种特殊形式，如图3-28和图3-29所示。

（2）抽象图案。

抽象图案是指由点、线、面和肌理效果为主要样式的图案。常见的抽象服饰图案包括格子图案、条纹图案、点状图案和肌理图案。

① 格子图案。

格子图案种类繁多而风格不一，如苏格兰格子和千鸟格子。格子图案具有传统和现代的双重个性，通过变动线条的宽窄、角度、疏密和色彩实现图案的多样化，如图3-30所示。

图 3-26 鸟纹图案服饰

图 3-27 动物图案服饰

图 3-28 朱伊图案织物

图 3-29 人物图案服饰

图 3-30 格子图案

② 条纹图案。

条纹图案是指纹状条形图案，其通过曲折、疏密、方向、宽窄的变化，表现出线条灵动的抽象美感，如图3-31所示。

图 3-31 条纹图案

③ 点状图案。

点状图案是指用点作为装饰元素的图案。在欧洲，有一种被称为波尔卡圆点的图案，以其色彩明快鲜艳、活泼跳跃而被广泛运用在鞋子、包袋等饰物中。点状图案应用于儿童服饰中，能反映出儿童的天真和俏皮。小而规律化排列的圆点图案，具有秩序严谨的美感，常被应用于职业装、男式领带等，如图3-32所示。

图 3-32 圆点图案的应用

④ 肌理图案。

肌理图案是指追求各种质感和纹理的图案形式。肌理的制作与表现，强调材料的变化，不同材质呈现的视觉效果丰富多样。著名服装设计师三宅一生就将服饰的肌理图案运用得出神入化，被称为"面料魔术师"，如图 3-33 所示。

（3）传统图案。

据《现代汉语词典》的释义，传统图案可以定义为世代相传且具有文化传统的图案艺术。传统图案代表着一个时期的文化和审美，具有深厚的内涵。代表性的传统图案包括中国吉祥图案、卷草图案、团花图案、日本友禅图案、佩兹利图案、朱伊图案和莫里斯图案等。

① 中国吉祥图案。

中国吉祥图案借用中国传统形象以表达吉祥的内涵，凸显了人们的美好愿望和祈盼。寓意、谐音、含蓄、喜庆是吉祥图案的最大表现。如蝙蝠和寿桃寓意福寿双全，荷花和鱼寓意年年有余，猴子和马寓意马上封侯等等，如图 3-34 和图 3-35 所示。

图 3-33　肌理图案服饰（三宅一生设计）

图 3-34　中国传统吉祥图案织物

图 3-35　中国传统吉祥图案服饰

② 卷草图案。

卷草是一种传统装饰纹样，通常被认为由忍冬、葡萄、石榴等纹样发展而来，盛行于中国的唐代，因而有"唐草"之名。卷草纹的构成特点是以柔和的波浪曲线组成向左右或上下延伸的花草纹样，由于纹样的骨架卷曲，因而被形象地喻为卷草。卷草纹常与花卉、凤鸟图形结合在一起，形成了丰富的卷草图案内容，如图3-36所示。

图 3-36 卷草纹图案织物及服饰

③ 团花图案。

团花是中国传统纹样，外形圆润成团状。内容通常为象征吉祥如意的四季花草植物、飞鸟虫鱼、龙凤甚至才子佳人，以精美细致、饱满华丽的艺术样式著称，如图3-37所示。

（4）流行图案。

流行是指迅速传播或盛行一时。在每一个时代，服饰设计中都有广为传播的流行图案，成为一个时代的时尚标志。现代流行服饰图案种类繁多，比较常见的有欧普图案、文字图案、毛皮图案、卡通图案等。

① 欧普图案。

欧普艺术是欧洲20世纪兴起的艺术思潮，以强烈的形与色，以及错觉和律动刺激观者的视觉，达到一种颤动、迷闪甚至使人眩晕的幻象。它赋予了服饰现代、另类的前卫风格，成为影响力巨大的艺术样式，如图3-38所示。

图 3-37 团花图案服饰

图 3-38 欧普图案服饰

② 毛皮图案。

毛皮可谓是人类最古老的衣料，随着社会观念变迁与养殖加工业的发展，毛皮纹样活跃在时尚潮流的服饰设计中。以绒布、丝绸和平纹棉布做材料，豹、虎、鹿、蛇、鳄鱼等毛皮纹理都可以轻松地通过印染来获得。人造毛皮图案是现代动物保护和绿色设计意识的体现，如图 3-39 所示。

③ 卡通图案。

来自动画片或漫画的卡通图案，在当今的流行服饰设计中也是常见的图案题材。它以主题化的造型与个性化的图案样式，形成强烈的视觉效果。卡通图案的运用使服饰设计多了几分轻松和俏皮，如图 3-40 所示。

图 3-39 毛皮图案服饰　　　　图 3-40 卡通图案服饰

3. 服饰图案的构成形式

构成形式是图案设计的关键，按构成形式的不同，服饰图案可分为单独服饰图案和连续服饰图案两大类。单独服饰图案是造型相对完整并且能够独立存在的构图形式，具有较高的灵活性，其中涵盖了自由图案和适合图案。将单独服饰图案做重复排列就构成连续服饰图案，其具有较强的节奏感和韵律感，可以细分为二方连续服饰图案和四方连续服饰图案。

（1）单独服饰图案。

单独服饰图案是指图案独立存在，大小或形状无一定规律或具体要求限制，且不与其他图案相联系的服饰图案。单独服饰图案包括对称式和均衡式两种。

对称式单独服饰图案是在中心轴或中心点的上下、左右配置纹样、色彩相同，分量相等的装饰元素。对称式单独服饰图案常见于传统服饰图案设计中，在现代服饰设计中也经常采用，如图3-41所示。

均衡式单独服饰图案的构成形式则是通过不等量、不等形的配置方法来取得图案的平衡感，其构图更加灵活自由，常用于休闲服装图案设计中。此外，在服饰部件细节设计中适当地运用均衡式单独服饰图案构成形式，也显得灵巧生动，如图3-42所示。

图 3-41 对称式单独服饰图案　　　　图 3-42 均衡式单独服饰图案

（2）连续服饰图案。

二方连续服饰图案是运用一个或几个单位的装饰元素组成单位纹样，进行上下或左右方向有条理的反复连续排列，形成带状连续形式，因此又称为带状纹或花边纹。二方连续服饰图案的节奏感强，具有很强的条理性、秩序性和连续性。

二方连续服饰图案适合做衣边部位的装饰，如领口、袖口、襟边、口袋边、裤脚边、侧体部、腰带和下摆等部位。在运用二方连续服饰图案进行服饰设计时，要注意保持图案的整体感，连接点要完整对接，根据款式调整图案的方向性，协调好节奏感和韵律感，并保证图案细节变化丰富，如图3-43所示。

四方连续服饰图案是由一个单位纹样向上、下、左、右四个方向重复排列而成的图案。其具有向四面八方重复的特点，所以又称为网格图案。四方连续服饰图案在服装中多以面料图案形式出现，应用方式通常有两种。第一种是整个款式都采用四方连续图案面料裁制，服装整体风格统一，显得大气端庄。第二种是以局部四方连续与单色面料搭配使用，这种设计手法自由度较高，通过复杂的图案和纯粹的单色面料进行对比，产生丰富的视觉效果。运用四方连续服饰图案进行设计时，不仅要考虑单位纹样的造型严谨，还要注意连续后的整体艺术效果，如图 3-44 所示。

图 3-43　二方连续服饰图案

4. 服饰图案的写生与设计

优秀的服饰图案都需要经过设计师精心的创作和设计才能形成。在日常生活中有大量的具象图案，它们是创作的基础和源泉。

（1）图案的写生。

图案的写生是图案设计与创作的基础，写生的技法包括线描写生、明暗写生和影绘写生三类。线描写生采用单线勾勒，跟中国画中的白描类似，是一种易于表现的写生技法。明暗写生以表现对象的明暗、空间和体积为主，具有较强的体积感和空间感。影绘写生则以外轮廓为主要特征，进行阴影平涂，这种技法的特点是概括性强，黑白分明，形象突出，如图 3-45 ～图 3-47 所示。

图 3-44　四方连续服饰图案

图 3-45　线描写生　　图 3-46　明暗写生　　图 3-47　影绘写生

（2）图案的设计与创作。

通过写生得到原始图案后，就可以着手进行创意变形设计了。首先，图案变形是从自然形态过渡到艺术形象的创作过程。其次，进行加工变化的素材才是具有一定使用价值的图案形象。常见的图案创意变形法有五种，即简化法、添加法、夸张法、几何法和拟人法。

简化法和几何法是指抓住设计对象造型中最主要的特征，通过提炼、概括、取舍，让造型变得更加单纯、朴实的图案设计手法。添加法是让图案纹样更加丰富的一种图案设计手法，在较为单一的纹样上添加一些能突出特征的花纹或抽象的点、线、面装饰，让形象更加完美、突出。夸张法和拟人法是指将图形进行夸张和变形，或者赋予图形人物特征的图案设计手法，如图 3-48 ～图 3-52 所示。

图 3-48 原图

图 3-49 写实

图 3-50 简化法和几何法

图 3-51 添加法

图 3-52 夸张法、拟人法

5. 服饰图案构成形式的设计

服饰图案的构成形式是图案设计的关键，它是以写生素材和图案造型为基础，以形式美法则为依据进行的形式设计。服装图案的设计大部分都是以实用为目的，如款式、用途、风格，以及图案在服装上所处位置等。因此，结合实际用途，确定其构图形式，可以更好地实现图案在服装中艺术性和实用性的结合。

（1）图案设计。

设计一款服饰图案要求大方美观，不过于复杂，既可以作为单独图案使用，也便于重复构成，且与服饰风格相吻合，如图 3-53 所示，这是一款扇形服饰图案，其造型优美，古典大方，适合进行构成形式的变化设计。

（2）服装款式设计。

如图 3-54 所示，这是一款简洁大气的斗篷式套装，采用同款式、同图案的方式来进行构成形式训练。当服饰的图案较为丰富时，款式设计可尽量简洁，避免造成繁复累赘、主次不分的效果。

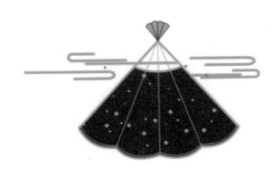

图 3-53 图案设计

图 3-54 服装款式设计

（3）构成形式设计。

① 单独服饰图案设计。

如图 3-55 所示，将扇形图案适当放大，作为独立图案装饰在斗篷的肩部，扇状形态与肩领的形态恰好相适应，装饰效果类似于传统服饰中的"云肩"装饰，高雅大气。此外，将扇形图案倾斜，形成角隅图案，装饰于袖子侧边，裙身则饰以云纹图案，与肩袖图案相呼应，整体稳定又富于变化。

② 二方连续服饰图案设计。

如图 3-56 所示，将扇形图案两两相向，并横向反复连续排列，形成相对式的二方连续结构。将带状的连续纹样应用在斗篷下摆，形成边缘装饰，其节奏感和韵律感强，点缀云纹图案，增添造型的灵动活泼之感。

图 2-55 单独服饰图案设计

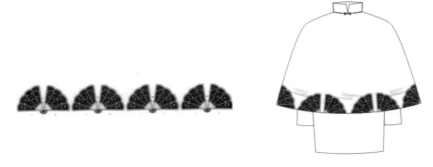

图 3-56 二方连续图案设计

③ 四方连续服饰图案设计。

如图 3-57 所示，将扇形图案进行 45°旋转摆放，然后以反向对称的方式进行四个方向重复排列，最终形成一组转换连缀的四方连续纹样。为了令四方连续图案更富有韵律感，将其以斜线对称的样式进行装饰，搭配裙下摆的直立式扇形图案，达到变化与统一相协调的形式美感。

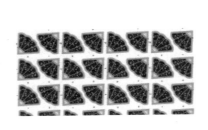

图 3-57 四方连续图案设计

（4）构成形式设计案例。

同图案、不同款式的构成形式应用如图 3-58 和图 3-59 所示。

图 3-58 图案设计（凤鸟图案）

图 3-59 构成形式设计
（单独、二方连续、四方连续图案）

三、学习任务小结

通过本次课的学习，同学们已经基本了解服饰图案的定义和分类，认识了不同造型类别和构成形式的服饰图案，初步掌握了服饰图案的设计方法。通过大量服饰图案作品的赏析，提升了对服饰图案的综合审美能力。课后，大家要认真完成服饰图案设计作业，培养灵活运用和独立创作的能力。

四、课后作业

（1）收集服装常用的具象图案、抽象图案、传统图案和流行图案各 5 个。

（2）设计一款具有二方连续图案的服饰。

项目四
创意服装设计

服装设计灵感来源

教学目标

（1）专业能力：了解服装设计灵感的来源，了解服装设计的步骤和方法。

（2）社会能力：通过教师引导、课堂师生问答、小组讨论，开阔学生视野，激发学生的学习兴趣和动力。

（3）方法能力：通过不断学习和实际操作，掌握服装设计灵感的来源，激发设计创意，学会素材收集与元素提取能力等。

学习目标

（1）知识目标：通过本次任务的学习，学会理解和运用服装设计灵感来源。

（2）技能目标：能发现身边的美，收集设计灵感和素材，并能运用发散思维进行服装设计稿的创作和绘制。

（3）素质目标：培养学生的团队合作意识，自主学习及主动探究的意识，激发学生对专业课的学习热情。善于发现总结生活中的美，提取合适的元素应用到服装设计中。

教学建议

1. 教师活动

（1）教师前期收集各种服装设计灵感来源的案例、图片和视频等资料，并运用多媒体课件、教学视频、发散思维等多种教学手段，提高学生对服装设计灵感来源的直观认识。

（2）深入浅出地进行知识点讲授，使应用案例分析与实践通俗易懂。

2. 学生活动

（1）认真听课、细致观察、积极进行小组间的交流和讨论。

（2）在教师指导下进行服装设计稿的创作练习。

一、学习问题导入

　　服装设计灵感来源是指从自然界、建筑、艺术、历史文化、民族风情、音乐、舞蹈、电影、工艺品等方面提取设计元素并应用到服装设计中的创作过程。作为服装设计师，要善于观察身边的事物，开拓自己的视野，善于用眼去观察，用耳去聆听，用心去体会，用脑去思考，激发设计创意和灵感。正如著名服装设计师香奈儿所说，"时尚并不仅仅存在于服装中。时尚存在于天空中、街道上，时尚与我们的理念、生活方式以及周遭所发生的事件密切相关"。

二、学习任务讲解

1. 灵感的来源

（1）自然界。

　　自然界是人接触最频繁、创作素材最丰富的灵感来源。时装界的大师们总是能从自然界中汲取新鲜的灵感，产生新的设计理念、新图案、新颜色、新质感和新造型。提取自然界的元素作为素材，采取自然界中的样式、造型、色彩、规律，经过设计加工，运用重新组合、借鉴、融合的方法，转换成服装的形态语言进行表达，是服装设计常用的方法，如图 4-1 和图 4-2 所示，是运用自然元素的成衣作品和礼服作品。

图 4-1 Kenzo 品牌运用大自然元素的成衣作品

图 4-2 运用大自然元素的礼服作品

（2）建筑。

服装与建筑都是对外形进行的设计，有着一定的内在联系。服装的线条、轮廓在符合人体结构的同时，可以借鉴建筑的外形设计进行创作，将建筑的美感与时尚语言合理地运用到服装设计中，丰富服装设计的表现形式，如图 4-3 所示。

图 4-3 运用建筑元素的服装设计作品

（3）艺术。

服装设计可以吸取各种艺术的表达形式作为设计的灵感来源，例如可以从艺术家的艺术作品中借鉴一些设计理念、表现方法、图案、色彩和造型等元素，再通过设计的转化，变成服装设计的元素，如图4-4所示。

图 4-4 以艺术为灵感来源的服装设计作品

（4）历史文化。

服装设计可以从历史文化中寻找灵感和创作素材，可以通过提取历史文化中的典型符号收集服装设计元素，也可以提取某个历史时期的服饰、物品或当时的文化元素，运用现代的设计手法表现出来，如图4-5所示。

图 4-5 以历史文化为灵感来源的服装作品

（5）其他灵感来源。

服装设计还可以从科技、文化、旅游见闻、工艺品等方面获取设计灵感和创作素材，如图 4-6 所示。

图 4-6　其他灵感来源的服装作品

2. 服装设计的步骤

服装设计的步骤主要分为如下七个流程。

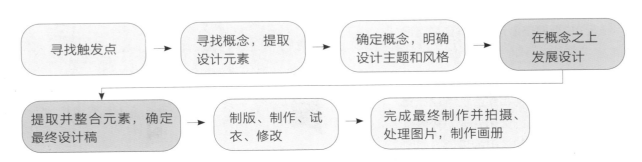

（1）寻找触发点。

设计师在寻找灵感时，越是寻找与自己有强烈感觉的触发点，越是能够设计出更好的作品。这需要设计师去寻找真实的、有强烈感触的事物。一花一木、一件艺术品、一个人、一段故事、一座古城，都可以是设计师灵感的来源。因此，首先需要设计师确定好方向，可以借助思维导图帮助寻找触发点，思维导图可以激发人的丰富想象力。

（2）寻找概念，提取设计元素。

有了灵感的触发，下一步就需要设计师充分地去拓展这个想法和理念，并提取对创作有用的设计元素，包括造型、线条、色彩、肌理、质感等，如图4-7所示。

（3）确定概念，明确设计主题和风格。

服装设计需要一个非常明确而清晰的概念，不可以模棱两可。在概念确定之后，就需要围绕概念明确设计主题和设计风格，如图4-8所示。

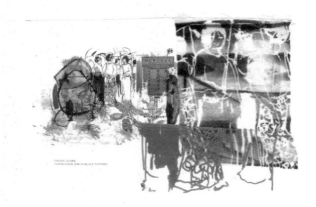

图4-7 设计元素提取

图4-8 确定概念、面料、色彩

（4）在概念之上发展设计。

确定了概念，明确了设计主题和设计风格以后，就要从色彩、面料、廓形、内涵、造型等方面将提取出来的设计元素应用到服装设计之中，转化成服装的图案、色彩、装饰线条等，如图4-9所示。

（5）提取并整合元素，确定最终设计稿。

提取并整合设计元素之后，设计师需要不断地重新审视和整合创新设计元素，对设计元素进行优化处理，并最终完成服装概念草图和效果的设计，如图4-10所示。

图4-9 提取的设计元素转化为服装图案和装饰线条

（6）制版、制作、试衣、修改、制作成成品。

设计师完成了设计稿后，接下来就是制作了。这是一个不断循环的过程。在试衣人台上制作成品，同时不断修改、完善。循环反复、精益求精，最终完成成衣制品，如图 4-11 和图 4-12 所示。

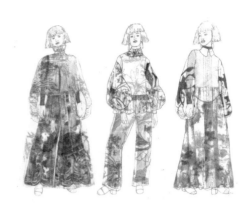

图 4-10 最终设计稿定稿

图 4-11 制版、制作、试衣、修改

图 4-12 成品呈现

三、学习任务小结

通过本次任务的学习，同学们已初步了解服装设计灵感来源的渠道以及提炼方法，也了解了服装设计的整个流程。服装设计灵感的提炼是决定设计师的创造力和作品生命力的关键。同学们课后还要通过学习和社会实践，进一步提升对服装设计灵感来源的资料图片收集，为进行服装设计储备设计素材。

四、课后作业

收集和整理服装设计灵感素材，以组为单位进行 PPT 制作与演讲展示。

服装面料再造

教学目标

（1）专业能力：能够认识和理解面料再造的作用和方法。

（2）社会能力：能通过课堂师生问答、小组讨论，提升学生的表达与交流能力。

（3）方法能力：学以致用，加强实践，通过欣赏、分析，主动自觉地开展面料再造设计创作验证方法，提升实践能力，积累经验。

学习目标

（1）知识目标：通过本次任务的学习，了解和掌握面料再造的特点和方法。

（2）技能目标：能够把服装材料作为一个再次设计的学习载体，培养创造性思维的方式和设计构思的方法。

（3）素质目标：能通过鉴赏优秀的面料再造作品，提升专业兴趣，提高审美能力。

教学建议

1. 教师活动

（1）教师前期收集优秀服装面料再造作品，运用多媒体课件、教学视频等教学手段，进行知识点讲授和作品赏析，从而引发学生对服装面料再造的学习兴趣。

（2）引导学生对服装面料再造设计作品进行分析并讲解设计要点与方法。

2. 学生活动

（1）认真听课，观看作品，加强对服装面料再造作品的感知，学会欣赏，积极大胆地表达自己的看法，与教师进行良好的互动。

（2）认真观察与分析，保持热情，学以致用，加强实践与总结。

一、学习问题导入

服装面料再造是为了赋予传统面料新的印象和内涵，提升面料表面的视觉表现力，塑造面料的新形象。面料质感、肌理、图案是面料再造的重点。设计师 Jagoda Bartczak 的作品中常有夸张的廓形、不寻常的奇怪图案、交替层叠的面料拼接等，一切看似带有实验性质的灵感碰撞总能给她的设计添上趣味性的个人标签。当奇形怪状的拼贴图案与层叠不对称的面料交织在一起时，服装焕发出夸张且另类的艺术光彩。如 4-13 图所示，是设计师 Jagoda Bartczak 2018 春夏"DIFFERENT1"系列作品，大家分析一下其分别运用了哪些手法进行面料质感、肌理、图案创作。

图 4-13　Jagoda Bartczak 2018 春夏"DIFFERENT1"系列作品

二、学习任务讲解

面料再造又称为面料二次设计，是指根据设计需要，利用现有的服装面料，运用多种工艺手段，对面料的触觉、视觉等要素进行二次工艺处理，使之产生新的艺术效果的设计创作方式。对服装设计师而言，面料再造既是对面料进行重组、再造的艺术行为，同时也是设计理念和艺术风格的重要表现途径之一，具有无可比拟的创新性。在服装设计中，款式、面料和工艺是重要元素，而面料再造在其中担当着重要的角色。经过二次设计的面料更能符合服装设计师心中的构想，因为它本身就已经完成了服装设计一半的工作，同时还会给服装设计师带来更多的灵感和创作激情。

面料再造手法可分为加法、减法、编织法、立体法和综合法。

1. 加法

面料加法再造一般是用单一或两种以上的材质在现有面料的基础上进行印、染、贴、黏、缝、补、挂、绣等工艺手段，把相同或不同的多种材料重合、叠加、组合形成有层次、有创意感的新材料类型。如点缀各种珠子、亮片、贴花、盘绣、金属铆钉、扣子等，如图 4-14 所示。

贴布绣与绗缝	印花	蜡染
绳饰绣	拼贴	刺绣与珠绣

图 4-14 加法再造

（1）刺绣：就是用针将丝线或其他纤维、纱线按照一定图案和色彩在绣料上穿刺，以绣迹构成花纹的装饰织物。刺绣使原本单色的面料变得更加丰富，更有设计感。

（2）珠绣：是在专用的米格布上根据抽象图案或几何图案，由珠粒、珠片经过专业绣工纯手工精制而成。珠绣具有珠光灿烂、绚丽多彩、层次清晰、立体感强的艺术特色。珠绣是在中国的刺绣基础上发展而来的，既有时尚、潮流的欧美浪漫主义风格，又有典雅、底蕴深厚的东方文化和民族魅力。

珠绣、刺绣、立体花、缝饰、流苏、羽毛等在服装中的运用如图 4-15 所示。

图 4-15 珠绣、刺绣、立体花、缝饰、流苏、羽毛等在服装中的运用

（3）印染：印染是比较初级却十分有效的再造方法，实现起来比较容易。只需要布、颜料和印花机器就可以完成。在染的方面，蜡染和扎染是比较简单的方式。随着技术的进步，印花的方式也越来越简单，目前使用较多的是数码印花，如图 4-16 所示。

（4）拼贴：即在面料上粘贴或者拼接不同的材料，让面料具有立体感或形成差异，以改变原来面料的视觉肌理或触觉肌理，如图 4-17 所示。

图 4-16 扎染、蜡染、数码印花在服装中的运用

图 4-17 拼贴在服装中的运用

2. 减法

面料减法再造即破坏成品或半成品面料的表面，使其具有不完整、无规律或破烂感等外形特征，形成错落有致、亦实亦虚的效果。如抽纱、镂空、烧花、烂花、撕剪、水洗、砂洗等，如图 4-18 所示。

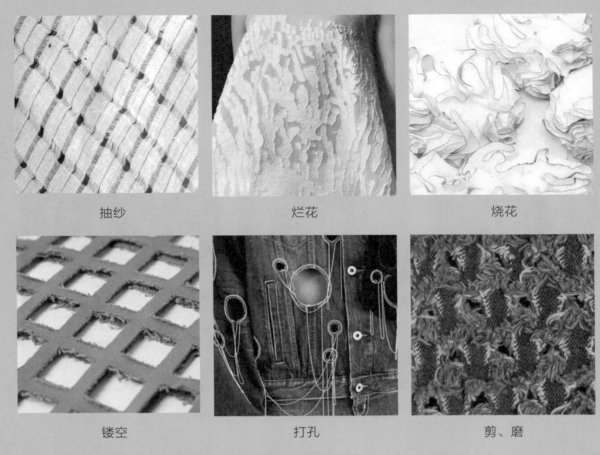

抽纱	烂花	烧花
镂空	打孔	剪、磨

图 4-18 减法再造

（1）镂空：镂空即减去部分材料，可根据造型设计的需要，直接在立裁人台上进行镂空处理，既可以是有规律的镂空，也可以是随意的镂空。

（2）打孔、穿带：服装上气孔与穿带的运用，源自运动鞋的设计。穿带、打孔运用在服装上，不仅有透气功能，还增添了视觉美感与活力。

镂空、打孔在服装上的运用如图 4-19 所示。

图 4-19 镂空、打孔在服装上的运用

（3）抽纱：即在面料上把纱线抽出来。抽纱的方式多种多样，可以分为有序的抽纱和无序的抽纱。抽纱都是由手工完成的，抽掉多少、怎么抽取都十分讲究。不同的面料在抽纱上也有所不同。

（4）烧花：即用暗火将面料烧成不同形状，让面料留下燃烧痕迹，产生特殊的视觉肌理效果。

（5）烂花：即将混纺或织物中的一种纤维酸化腐蚀或炭化，形成半透明的花纹工艺。经烂花后的织物透明犹如薄纱，风格独特。

抽纱、烧花、烂花在服装中的运用如图4-20所示。

图4-20 抽纱、烧花、烂花在服装中的运用

3. 编织法

面料编织法即采用面料或不同的纤维制成的线、绳、带、花边等材料，通过钩、编织、编结等各种手法，形成疏密、宽窄、连续、平滑、凹凸等外形变化，获得一种肌理对比的美感的面料再造方法，如图4-21～图4-24所示。

（1）钩：用不同型号的钩针，根据毛线材料、图案、色彩，运用不同的针法，勾出风格不一的织物形态，形成规则或不规则的图案效果的编织方法。

（2）编织：利用不同型号的棒针或编织机，根据材料、图案、色彩，运用不同的针法，织出花样布艺的织物，形成不同的肌理效果的编织方法。

（3）编结：利用不同风格的绳、带等线状物，根据材料、图案、色彩，运用编结手法，形成规律或无规律的网状效果的编织方法。

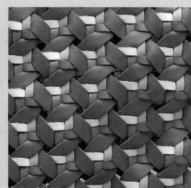

| 钩 | 编织 | 编结 |

图4-21 面料编织法

图 4-22 钩花手法在服装中的运用

图 4-23 编织手法在服装中的运用

图 4-24 编结手法在服装上的运用

4. 立体法

面料立体法通过抽褶、缝缀、系扎、熨烫、绗缝等工艺手段，改变面料原本平整的表面肌理形态，使其产生凹凸不平的浮雕感，让平整的面料产生凹凸与平整的对比效果，如图 4-25 所示。

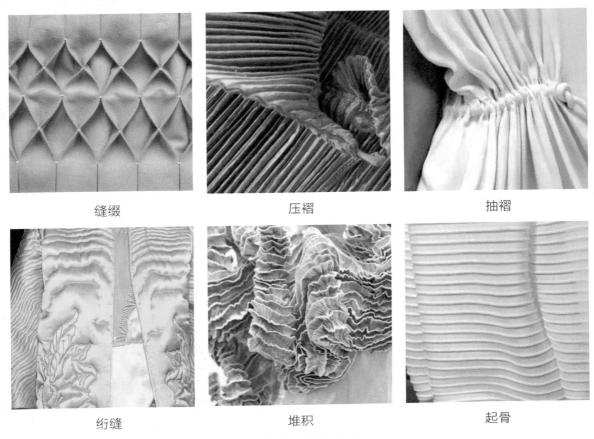

缝缀	压褶	抽褶
绗缝	堆积	起骨

图 4-25 面料立体法

（1）缝缀：缝缀通过特定的缝制方法有顺序地连接面料上的各个点，抽拉出褶皱后用针脚加以固定，形成丰富有序的肌理效果。

（2）压褶：压褶是利用 TC 布、雪纺等布料的高温定型特点来进行熨压成褶的一种面料再造方法。

（3）抽褶：抽褶是将布料的一部分用线缝合或穿绳，然后再进行有规律或者任意的抽缩，从而构成面料表面有规律的松紧和起伏变化的面料再造方法。

缝缀、压褶、抽褶在服装中的运用如图 4-26 所示。

图 4-26 缝缀、压褶、抽褶在服装中的运用

（4）绗缝：绗缝是在两层织物中间加入适当的填充物后再辑明线，用以固定和装饰，使之产生浮雕效果的工艺手法，具有保温和装饰的双重功能。绗缝、堆积在服装中的运用，如图4-27所示。

5. 综合法

在实际的操作中，一般都是综合多种设计手法来进行面料再造，一种材料不局限于一种设计手法，混合应用前四种再造手法进行综合考虑，才能创作出更丰富的肌理效果。如立体法设计与

图4-27 绗缝、堆积在服装中的运用

加法设计相结合，减法设计与编织法设计相结合等。也可以是相同方法下的不同手段相结合，如印染法与绣饰法相结合，切割与抽纱相结合等。不同的再造手法，能够形成不同的肌理效果，增强服装的感染力和表现力，将服装设计师的想法表现得更加淋漓尽致，如图4-28～图4-30所示。

图4-28 堆叠、印染、钩织在服装上的综合运用　　　　　图4-29 打孔与编织在服装上的综合运用　　　　图4-30 珠绣、刺绣、拼挂饰在服装中的综合运用

6. 著名服装设计师的面料再造探索

（1）马里亚诺·福图尼（Mariano Fortuny）。

1907年，西班牙时装设计师马里亚诺·福图尼由于受到一片在希腊发现的碎布片的启发，和同伴在家里建立了一个研究织物的工作室。福图尼通过新纺出来的细密褶皱面料制作了他的标志性服装作品——特尔斐褶裥礼服裙。特尔斐褶裥礼服裙以丝绸为原料，手工缝制的特殊褶皱使得面料具有弹性，令简单流畅的衣型可以紧贴身体的轮廓。下摆和袖子边采用威尼斯的名产玻璃珠作装饰，装饰效果极佳，同时也使丝绸呈现出优雅的垂坠感。肩带和紧身胸衣位置都内藏调整用的拉绳。所有的特尔斐褶裥礼服裙都是均码，拉绳可以根据衣服主

人的身材而轻松地贴合。特尔斐褶裥礼服裙设计不见矫揉造作的痕迹，且优雅美观，成为时装设计的经典，博物馆和众多艺术藏家都争相收藏他的作品，如图4-31所示。

福图尼在现代时装设计的历史上具有很重要的启蒙者地位，以褶皱织物见长的三宅一生（Issey Miyake）就深受其影响，并从中找到自己的定位，延续与继承了其设计理念，并在1993年首度举办了三宅褶皱 Pleats Please 品牌发布会。

图 4-31 特尔斐褶裥礼服裙

（2）格雷夫人（Madame Grès）。

格雷夫人曾被 *Vogue* 主编安娜·薇托尔称赞"她的才华为时尚打开另一个世界"。其以非传统的褶裥工艺、独到的剪裁手法与大胆无畏的突破精神，在百家争鸣的 20 世纪风尚潮流中开辟一支清流。格雷夫人以"雕塑家"之姿提出对传统制衣技术的改良，其令人过目难忘的作品不仅启发索菲·可可萨拉凯、山本耀司等传奇设计师，至今仍然深深影响着时尚界的美学发展，称她为当代经典时尚的启蒙者，一点也不为过。

格雷夫人以不裁布、不打版的独特的剪裁手法，直接在模特或制衣人台上扭转、堆叠、捏塑出服装结构，就如一位雕塑家使用黏土塑造立体物件那般。格雷夫人认为布料拥有自己的个性与灵魂，与其命令它们该做什么，不如尊重其自主性，让其依照自由意愿伸展、在人体上活出最自然的生命形态，如图4-32所示。

图 4-32 格雷夫人服装作品

（3）三宅一生（Issey Miyake）。

在时尚界三宅一生一直被同行称为伟大的魔术师，他有着创造无限服装变化可能的魔力，也是一位真正意义上的服装冒险家。他以突破性的方式使用褶皱这一元素，再造了面料的外观效果，并进一步以这一手段瓦解了传统的服装结构，带给人一种解除束缚的畅快感受。他的标志性设计"一生褶"正是其设计观念的诠释。

三宅一生认为欧洲的传统女装在结构上的发展已经使服装失去了以人为本的初衷，反而成为束缚和压迫人这一主体的可弃之物。因此，他从面料角度入手，对其进行压褶处理后再制成服装。这种服装浑然一体，没有任何内部结构，平放时就如同一张几何薄片。但穿上后，经过压褶的面料会自然顺服人体曲面的起伏形成立体造型，并且不会让在运动中的人有丝毫束缚之感，他因此被公认为国际时装界的时装理想主义者和前卫派设计大师。三宅一生还借助先进的科技，将日本宣纸、棉布、亚麻、涤纶等材料进行再造来探索布料的再造形式，创造出各种令人耳目一新、兼具功能与视觉美感的肌理效果，如图 4-33 所示。

图 4-33　三宅一生服装作品

三、学习任务小结

通过本次课的学习，同学们已经初步了解服装面料再造在服装设计中的作用，以及服装面料再造的方法。课后，大家要多欣赏和分析优秀的面料再造设计作品，并尝试开展面料再造设计创作实验，提高面料再造的审美能力和实践能力。

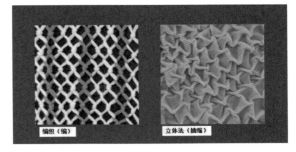

四、课后作业

（1）收集 10 幅优秀的服装面料再造作品进行赏析，每幅作品备注其分别运用了哪些再造方法，并以 PPT 的形式完成作业。

（2）参考以下作业形式，如图 4-34 所示。运用本课程所介绍的面料再造方法，完成一组面料再造设计小样。

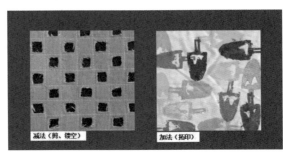

图 4-34　作业参考图

学习任务 三

服饰品设计

教学目标

（1）专业能力：能够认识和理解服饰品的概念及作用，能够辨别服饰品的类别及材料。

（2）社会能力：引导学生收集、归纳和整理服饰品图片案例，并进行分类分析。

（3）方法能力：信息和资料收集能力，案例分析能力，归纳总结能力。

学习目标

（1）知识目标：通过学习认识服饰品的概念及作用。

（2）技能目标：能鉴别服饰品的类别及选用相应的材料。

（3）素质目标：能根据学习要求与安排进行信息收集与分析整理，并进行沟通与表达。能通过鉴赏优秀的服饰品作品，提升专业兴趣，提高审美能力。

教学建议

1. 教师活动

（1）教师前期收集的服饰品图片资料，并运用多媒体课件、教学视频等多种教学手段，进行知识点讲授和作品赏析，从而激发学生对服饰品设计的学习兴趣。

（2）循序渐进地引导学生对服饰品作品进行分析并讲解设计要点与方法。

（3）引导课堂小组讨论，鼓励学生积极表达自己的观点。

2. 学生活动

（1）认真听课，观看作品，加强对服饰品作品的感知，学会鉴赏，积极大胆地表达自己的看法，与教师进行良好的互动。

（2）认真观察与分析，保持热情，学以致用，加强实践与总结。

一、学习问题导入

请大家观察以下三张图片，试着找出三张图片中的人物分别佩戴哪些服饰品。试着分析图片中的服饰品对人物形象的作用，如图 4-35 ~ 图 4-37 所示。

图 4-35　孔雀明王像　　　　　　图 4-36　中国苗族新娘　　　　　图 4-37　Alexander McQueen
　　　　　　　　　　　　　　　　　　　　　　　　　　　　　　　　2020 秋冬时装

图 4-35 是 14 世纪孔雀明王像，孔雀明王一头四臂，为菩萨形。头戴花冠，发髻高耸，发绺垂肩。面相方圆，神态安详，法相庄严。身佩项圈、璎珞、臂钏、挂链，手镯及足钏等精美饰品装饰全身。身后孔雀羽尾开屏形成了美丽的背光。图 4-36 是中国苗族新娘身着苗族传统服饰，头戴大银角，耳戴银耳环，胸颈部位戴有银项圈、银压领、银胸牌、银胸吊饰等，手戴银手镯、银戒指。图 4-3 是 Alexander McQueen 2020 秋冬系列服装，图中模特头戴头巾，耳戴银色大耳环，手戴黑色手镯，红色包包，黑色漆皮短靴，饰品的银色、红色与服装的色彩呼应，使服装外观的视觉形象更为整体，同时起到画龙点睛的装饰作用。

二、学习任务讲解

1. 服饰品的概念及作用

服饰品也称服饰配件、装饰物、配饰物等，是指与服装相关的装饰物，即除服装以外所有附加在人体上的装饰品的总称。"服"表示衣服、穿着，"饰"表示修饰、饰品。服饰品在服饰中起到重要的装饰作用，且具有实用性，可以使服装外观的视觉形象更为整体，通过服饰品独特的造型、色彩和肌理等艺术形式，表达服装整体风格，满足人们的不同心理需求。

2. 服饰品的分类

服饰品按装饰部位可分为头饰品、脸饰品、颈饰品、手饰品、胸饰品、腰饰品和脚饰品等。

（1）头饰品。

头饰品是指戴在头上的饰物，包括发饰和帽子。

发饰主要用于固定、修饰发型，一般带有抓齿或松紧功能。发饰按品类分，有簪、钗、步摇、梳、头花、发夹、发圈、发带等，具有很强的视觉装饰效果，如图 4-38 所示。

清代点翠白玉琥珀穿珠梅花簪

清代鎏金点翠牡丹花拱形钗

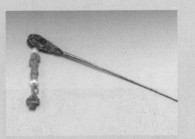
清代翠玉珊瑚持芝婴步摇

发箍

发带

皇冠

图 4-38 发饰

帽子有许多不同的造型、用途和制作方法，款式也较多。帽子按照款式分，有钟形帽、圆顶礼帽、平顶礼帽、贝雷帽、药盒帽、概念帽、鸭舌帽等，如图 4-39 所示。

钟形帽

圆顶礼帽

翻折帽

贝雷帽

药盒帽

军装帽

图 4-39 帽子

（2）脸饰品。

脸饰品是装饰在脸上的饰物的统称，包括面具、眼镜、鼻环、鼻钉、耳钉、耳环、耳坠、耳挂等，如图4-40所示。

面纱

眼镜

耳挂

图4-40 脸饰品

（3）颈饰品。

颈部是人体最主要的装饰部位之一，装饰在颈部的饰物统称为颈饰品，包括项链、项圈、领结、领带、围巾等，如图4-41所示。

（4）手饰品。

手饰品是指戴在手上的饰物，包括手饰和手套、臂钏、手链、手表、戒指、手包等，如图4-42所示。

项圈

项链

丝巾

图4-41 颈饰品

臂钏

手钏、戒指、手包

手镯

图4-42 手饰品

（5）胸饰品。

胸饰品是指装饰在胸部的饰物，包括胸花、胸针等，对服饰整体搭配起到画龙点睛的作用。

（6）腰饰品。

腰饰品是指由皮革、金属等材料制成的对腰部进行装饰束紧的物品，包括腰带、腰链、腰封等，不仅可以调整腰部造型，还可以起到装饰点缀的效果，如图 4-43 所示。

（7）脚饰品。

脚饰品是指戴在脚上的饰物，包括脚饰、袜子和鞋子，如图 4-44 所示。

皮腰带

装饰腰包

腰封

图 4-43 腰饰品

图 4-44 脚饰品

服饰品按制作材料可分为纺织品类、塑料类、金属类、珠宝类、贝壳类、陶土类、木材类、骨头类、玻璃类等。

3. 服饰品的搭配技巧

服饰品作为服装的点缀或补充，搭配得好可起到画龙点睛的作用，可以衬托出个人独特的气质，反之则会破坏服装的整体美感。

（1）服饰品与服装的色彩搭配。

服饰品与服装为同类色时，应避免过于接近的色彩造成单调感，可以从丰富的明度变化中寻求改变；服饰品与服装为对比色时，当服装整体色彩为素色时，服饰品色彩可采用鲜艳色彩，与服装色彩形成对比，起到点缀活跃的作用，如图 4-45 所示为 Dior 时尚发布会作品。

图 4-45 Dior 时尚发布会作品

（2）服饰品与服装的造型搭配。

服饰品与服装搭配时，它的造型显得格外重要，运用恰当能烘托服装的整体氛围，服饰品的小造型与服装大造型要在互相呼应的同时带给人一种形式的美感，充分利用服饰造型手法，通过点饰、线饰、面饰的组合规律运用，形成构图的疏密与错落关系，如图 4-46 所示为 John Galliano 服装造型搭配作品。

图 4-46 John Galliano 服装造型搭配作品

三、学习任务小结

通过本次课的学习，同学们已经初步了解了服饰品的种类及特点，以及服饰品在服装设计中的作用。课后，大家要多欣赏、分析优秀的服饰品搭配案例，提升审美能力的同时提高实践操作能力。同时，需要针对本次学习任务所了解的内容进行相应归纳、总结，完成相应的练习。

四、课后作业

收集 20 幅优秀的服饰品图片进行赏析，分析作品的服饰设计搭配特点，并以 PPT 的形式完成作业

项目五
服装品牌赏析及学习

学习任务 一 国际服装品牌赏析

教学目标

（1）专业能力：了解著名国际服装品牌的基本知识和发展现状，并剖析其内涵和设计风格。

（2）社会能力：引导学生进行课堂小组讨论及问题回答，开阔学生视野，激发学生对品牌分析的兴趣。

（3）方法能力：学以致用，加强实践，通过资料分析国际著名服装品牌的特点。

学习目标

（1）知识目标：了解著名国际服装品牌的发展历程和设计特点。

（2）技能目标：能够了解国际服装品牌的特色。

（3）素质目标：自主学习、举一反三，理论与实操相结合。

教学建议

1. 教师活动

（1）教师前期收集著名国际服装品牌的图片和视频资料，并运用多媒体课件、教学视频等多种教学手段，提高学生对国际服装品牌的直观认识。

（2）讲授著名国际服装品牌知识点并进行品牌发布会案例分析。

2. 学生活动

（1）认真听课、看课件、看视频，认真思考、记录著名国际服装品牌的特点，与教师进行良性互动，解决实际问题。

（2）细致观察、学以致用，积极进行小组间的交流和讨论。

一、学习问题导入

各位同学，大家好，今天我们一起来学习具有代表性的国际服装品牌，包括迪奥（Dior）、香奈儿（Chanel）、古驰（Gucci）。从这三大代表性国际服装品牌的创立和发展来了解百年服装品牌的特点和服装风格的变化，开拓专业视野。

二、学习任务讲解

1. 迪奥（Dior）

（1）品牌基础资料。

创立时间：1946 年。

创 始 人：克里斯汀 · 迪奥（Christian Dior，1905—1957 年）（图 5-1），1905 年 1 月出生于法国诺曼底，喜欢艺术，父亲经商，家境优渥。1928—1931 年，开设画廊，结识了达利、毕加索等著名画家。1931年—1937 年，破产，关闭画廊成为服装自由设计师。1937—1939 年，Piguet（皮盖）服装店助理设计师。1941—1947 年，Lelong（勒隆）服装店设计师。1946 年商业大亨马塞尔 · 布萨克（Marcel Boussac）资助其开设时装屋。

创立背景：1945 年第二次世界大战结束后物资还较为缺乏，女性着装多为直线条，款式较沉闷单调。

品牌简介：主要经营女装、男装、香氛、彩妆、护肤、童装、首饰等高档消费品，目前品牌归属于法国酩悦 · 轩尼诗 – 路易 · 威登（LVMH）集团。

（2）品牌发展史。

崛起期（1949—1957 年）：1946 年，克里斯汀 · 迪奥（Christian Dior）成立时装屋后，1947 年推出"New Look"系列，如图 5-2 所示。细腰、宽大裙摆的 X 形轮廓，强调胸、腰、胯的线条，展现女性优美身型和高贵典雅的气质，重燃二战后女性装扮的热情。迪奥先生之后又推出 Z 字形、郁金香形、A 形、Y 形等众多富有创造性的廓形，直至 1957 年离世。

图 5-1 克里斯汀 · 迪奥（Christian Dior）　　　　图 5-2 1947 年"New Look"系列

动荡期（1957—1989 年）：伊夫·圣·罗兰（Yves Saint Laurent）接任迪奥品牌创意总监，放松了腰部曲线，创造了梯形裙，如图 5-3 所示。风格更适合"垮掉的一代"，其于 1960 年离任。随后，马克·博昂（Marc Bohan）接任创意总监直至 1989 年，成为任期最长的创意总监。其设计灵感多来自 1920 年，整体设计简洁优雅，创造了斜剪裁、自然肩线、模糊的腰线，如图 5-4 所示。1984 年迪奥破产，几经转手后被法国酩悦·轩尼诗 - 路易·威登（LVMH）集团收购。

　　复兴期（1989—2011 年）：1989 年詹弗兰科·费雷（Gianfranco Ferre）接任创意总监，设计创作了色彩丰富、富有活力的华丽衣裙，帮助迪奥品牌走出困境，如图 5-5 所示。1996 年天才设计师约翰·加利亚诺（John Galliano）上任后在复古奢华的设计中融合了历史和文化的元素，精致的剪裁，夸张的妆容，独特的演绎，在呈现迪奥精神的同时制造了一场场反叛荒诞却又极其华丽浪漫的戏剧化秀场，虚幻却又经典的设计在复兴品牌的同时也创造了时代性的审美，如图 5-6 和图 5-7 所示。

　　争议期（2011 年至今）：迪奥品牌在过渡期启用设计团队中的比尔·盖顿（Bill Gaytten），一改之前戏剧化的风格，采用经典、柔美却又实穿的设计提高了迪奥销售业绩，如图 5-8 所示。2012 年拉夫·西蒙斯（Raf Simons）将极简主义风格融入迪奥设计，创造了简约、优雅的廓形，如图 5-9 所示。2016 年至今玛丽亚·格拉齐亚·齐乌里（Maria Grazia Chiuri）成为迪奥新任的设计总监，关于其设计外界褒贬不一，但放松腰线、平底鞋取代高跟鞋，将女权主义、自然主义融入设计中，符合当下"高定成衣化、成衣潮流化"的趋势，如图 5-10 所示。

图 5-3 伊夫·圣·罗兰任职时期

图 5-4 马克·博昂任职时期

图 5-5 詹弗兰科·费雷任职时期

图 5-6 约翰·加利亚诺任职时期 1

图 5-7 约翰·加利亚诺任职时期 2

图 5-8 比尔·盖顿任职时期

图 5-9 拉夫·西蒙斯任职时期

图 5-10 玛丽亚任职时期

2. 香奈儿（Chanel）

（1）品牌基础资料。

创立时间：1910 年。

创 始 人：可可·香奈儿（Coco Chanel，1883—1971 年）（图 5-11），1883 年出生于法国索米尔的贫困家庭。1910 年在巴黎开设女帽店。1914 年将帽子的业务扩展到高级定制时装。

创立背景：在当时男权主导的社会中，裤装是男性的专属，女士着装基本以裙装为主。

品牌简介：经营范围包括高级定制、女装、男装、箱包、香水、彩妆等高档消费品。

图 5-11 可可·香奈儿（Coco Chanel）

（2）品牌发展史。

崛起期（1910—1971 年）：从女帽店到高级定制时装业务的拓展使得可可·香奈儿（Coco Chanel）在女装领域掀起一场革命，她将男性着装转换为时髦的女性着装。除了女性穿裤装以外，斜纹软毛呢短外套、黑色小礼服、珍珠项链、条纹衫等经典元素相应诞生，塑造了品牌高雅、简约、精美的设计风格，如图 5-12 ～图 5-14 所示。

图 5-12 香奈儿斜纹软毛呢短外套　　图 5-13 香奈儿经典小黑裙　　图 5-14 穿条纹衫的可可·香奈儿

更迭期（1978—1983年）：香奈儿离世后，费利佩·吉布（Philippe Guibourg）等人先后担任设计总监，但 Chanel 品牌仿佛沉睡了一般。

经典期（1983—2019年）：卡尔·拉格斐（Karl Lagerfeld）的到来让 Chanel 品牌重新复苏，在他担任香奈儿创意总监的 36 年里，将香奈儿女士优雅的精髓进行提炼，改良了比例，适度加入离经叛道的元素，将品牌经典、流行的元素和个人特色进行融合，形成了历久弥新的独特的品牌风格，如图 5-15 所示。

传承期（2019年至今）：2019年维吉妮·维亚德（Virginie Viard）在秉承香奈儿高雅、简约、精美的风格基础上，传承了卡尔·拉格斐的年轻化风格，并尝试加入长袖、连体裤等俏皮、甜美的元素，使品牌更加轻盈、柔美，如图 5-16 所示。

图 5-15 卡尔·拉格斐任职时期

图 5-16 维吉妮·维亚德任职时期

3. 古驰（Gucci）

（1）品牌基础资料。

创立时间：1923年。

创 始 人：古驰欧·古驰（Guccio Gucci，1881—1953年）（图5-17），1881年出生于意大利佛罗伦萨皮革工匠家庭。1921年在佛罗伦萨开了第一家古驰（Gucci）皮具店。

创立背景：19世纪初行李箱、帽子盒等皮具盛行。

品牌简介：复古、华丽、多元化、浪漫，经营范围包括女装、男装、童装、箱包、珠宝、腕表等，隶属巴黎春天百货（简称PPR）。

图5-17 古驰欧·古驰（Guccio Gucci）

（2）品牌发展史。

崛起期（1921—1983年）：1921年开店后因战争等原因物资短缺，其巧妙运用帆布、红绿布条、竹节等相对便宜的材料渡过战时难关，开拓多元化市场，如图5-18和图5-19所示。1960年联合艺术家为摩洛哥王妃设计了"Flora"丝巾并利用皇室效应宣传产品，如图5-20所示。经过30年的发展，Gucci成为综合性的国际品牌之一。

图5-18 红绿布条腋下包　　图5-19 竹节包　　图5-20 摩洛哥王妃
　　　　　　　　　　　　　（始于1947年）　　与"Flora"丝巾

纷争期（1983—1993年）：1983年第三代经营人进行大刀阔斧的改革，1989年美国设计师唐·梅洛（Dawn Mello）在品牌奢华、雅致的贵族式戏剧化元素中加入实用的市场化元素，但因股份争夺经营不善，1993年Gucci家族转卖股权，几经转手后由巴黎春天百货控股。

重组期（1994年至今）：1994年汤姆·福特（Tom Ford）担任品牌创意总监，使品牌重新焕发活力，现代、性感、冷艳的定位将这一传统品牌改变为崭新的摩登代言者。2004年汤姆·福特离职后，品牌启用四人设计团队，2006年团队中的弗里达·贾娜妮（Frida Giannini）最终成为品牌设计总监，她执掌Gucci十年期间品牌稳定发展。2015年亚历山大德罗·米歇尔（Alessandro Michele）成为新任创意总监，与汤姆·福特的性感不同，他用华丽的色彩图案、极繁的装饰手法、文艺复古的风格对品牌进行重新定位，使得Gucci几乎与文艺青年画上了等号，如图5-21～图5-23所示。

图5-21　汤姆·福特　　　　　图5-22　弗里达·贾娜妮　　　　5-23　亚历山大德罗·米歇尔
　　　任职时期　　　　　　　　　　任职时期　　　　　　　　　　　　任职时期

三、学习任务小结

　　通过本次任务的学习，同学们已经初步认识了三大著名国际服装品牌的发展史及风格特点，著名的国际服装品牌还有很多，并各具特色。课后，大家要认真收集和整理更多的国际服装品牌图片资料，深入学习这些品牌的设计理念。

四、课后作业

（1）每位同学选一个国际服装品牌进行资料收集和品牌分析。

（2）以小组为单位制作PPT并进行展示分享。

学习任务 二 国内服装品牌赏析

教学目标

（1）专业能力：了解著名国内服装品牌的基本知识，掌握品牌的发展及现状，剖析其内涵和设计风格。

（2）社会能力：教师讲授著名国内服装品牌的发展历程，并组织课堂师生问答和小组讨论，开阔学生视野，激发学生对品牌分析的兴趣和专业求知欲。

（3）方法能力：学以致用，加强实践，通过资料分析国内著名服装品牌的特点。

学习目标

（1）知识目标：了解著名国内服装品牌的发展历程和设计特点。

（2）技能目标：能够了解国内服装品牌的特色。

（3）素质目标：自主学习、举一反三，理论与实操相结合。

教学建议

1. 教师活动

（1）教师前期收集著名国内服装品牌的图片和视频资料，并运用多媒体课件、教学视频等多种教学手段，提高学生对品牌的直观认识。

（2）讲授各具代表性的国内品牌知识点并进行品牌发布会案例分析。

2. 学生活动

（1）认真听课、看课件、看视频，认真思考、记录著名国内品牌的特点。

（2）细致观察、学以致用，积极进行小组间的交流和讨论。

一、学习问题导入

在国内服装品牌中，设计师郭培的玫瑰坊和设计师熊英的盖娅传说这两大品牌都有其独特的设计理念。通过对其服装设计作品及品牌进行深入研究，帮助大家更好地展开专业学习。

二、学习任务讲解

1. 玫瑰坊（Rose Studio）

（1）品牌基础资料。

创立时间：1997 年。

创 始 人：郭培，1986 年毕业于北京第二轻工业学校服装设计专业（图 5-24）。1986—1988 年任北京市童装三厂设计师。1989—1997 年先后担任北京天马、米兰诺服装公司首席设计师。1997 年获得"中国十佳设计师"称号，并创办了高定服装工作室"玫瑰坊"。

创立背景：20 世纪 90 年代的开放局势不仅为我国带来了经济的腾飞，还为服装的发展和交流开创了新契机，突破了保守复古的 80 年代，前卫、个性的服装需求增加。

品牌简介：致力于中国高定服装的发展，目前归属于北京玫瑰坊时装定制有限责任公司。

（2）品牌发展史。

图 5-24 设计师郭培

玫瑰坊成立至今秉承着对中国文化的热爱，致力于中国传统服饰工艺的研究与创新。其将中西文化融合，用中式传统的元素，以及独特、充满情调的设计，标志性的重工刺绣，缔造了中国第一个旺盛、热烈、美丽的高级定制服装品牌。目前的玫瑰坊逐渐成长为国内外为数不多的，不依靠成衣线、配饰线、彩妆线，纯粹发展高级定制的品牌，如图 5-25 和图 5-26 所示。

图 5-25 2019 秋冬"异世界"系列发布会部分作品

图 5-26　2020 秋冬云上秀场部分作品

　　郭培为 2008 年北京奥运会颁奖现场定制礼仪服时，选用郁郁葱葱的槐绿、纯净的玉脂白、温润典雅的宝蓝为主色，点缀中国经典刺绣，包括牡丹卷曲花立体绣、乱针绣晕染的青花瓷图案和盘金绣的江山海牙纹，礼仪服整体呈现出庄严、华丽的中国韵味，如图 5-27 所示。玫瑰坊品牌除了为众多明星定制礼服、嫁衣以外，还连续多年承包了春节联欢晚会大部分的礼服定制设计，如图 5-28 和图 5-29 所示。2016 年受法国高定工会的邀请走上国际高定舞台。

图 5-27　奥运会颁奖礼仪服　　　图 5-28　红底凤纹裙褂嫁衣　　　　图 5-29　主持人礼服

2. 盖娅传说（Heaven Gaia）

（1）品牌基础资料。

创立时间：2013 年。

创始人：熊英、王婷莹。2008—2012 年，熊英担任明星和主持人造型设计师，被誉为"明星身后的美学专家"（图 5-30）。2013 年与王婷莹女士联合创立了北京盖娅传说服饰设计有限公司。

创立背景：中国服饰文化源远流长，但经济发达的当今社会，服饰市场却以西方设计为主，盖娅传说将自身打造为中国服饰文化向世界传播的窗口。

品牌简介：现在公司集研发、设计、生产、销售为一体，并将市场细分为成衣、高级成衣、设计师款、高定款四大部分。

Heaven Gaia
盖娅传说

图 5-30　设计师熊英

（2）品牌发展史。

　　盖娅传说的前身为熊英造型，"盖娅"意为大地之母。品牌从定位、风格、材质到做工都秉承了中国美学的神韵，遵循自然之道，将生命之美与灵性、智慧相结合，表现出极具个性的现代审美诉求。其借鉴中国传统服饰形态，使用飘逸、华丽的面料和渐变色，使品牌整体呈现出清新脱俗、富有禅意的中国气质。2013 年品牌成立后，其凭借独特的中式设计风格，仅用了 3 年时间便在巴黎时装周中亮相，先后在国内外推出"亘""承""隐""漠·行者""惊·梦""戏韵·梦浮生""若水""乾坤·沧渊"等系列发布会，不断向世界展示华服之美，如图 5-31 和图 5-32 所示。

图 5-31　2020 春夏"戏韵·梦浮生"系列发布会部分作品

图 5-32　2020 秋冬"若水"系列发布会部分作品

盖娅传说于 2021 年春夏之交，以生命依始之水、海中之鲲作为灵感发布了"乾坤·沧渊"系列服装，整个系列分为"浮世、幻世"两个篇章。黑、白、蓝绿紫三色渐变的银铂锦缎、真丝宫廷缎、进口水光纱、软烟罗、禅意纱等面料，搭配刺绣、流苏、贝壳，营造出海天一色、梦幻空灵的意境。日月女神身着黑白双色斗篷，取日月、龙凤之意，十二章纹样用金银双色刺绣装饰，压轴演绎了"日月阴阳回转，万象启于梦川"的国风文化，如图 5-33 所示。

图 5-33　2021 春夏"乾坤·沧渊"系列发布会部分作品

三、学习任务小结

　　通过本次任务的学习，同学们已经初步认识了国内著名的两大服装品牌，了解了品牌的发展历程，对国内服装品牌有了一定的认知概念。课后，大家要认真收集和整理更多的国内服装品牌图片资料，深入学习这些品牌的设计理念。

四、课后作业

　　（1）每位同学收集一个国内服装品牌进行资料搜集和品牌分析。
　　（2）以小组为单位制作 PPT 并进行展示分享。

学习任务 三 模仿品牌进行设计

教学目标

（1）专业能力：了解服装中常见的设计主义形式，收集各设计主义的代表设计师作品，剖析作品的内涵和设计表现形式。

（2）社会能力：教师讲授各设计主义的代表设计师作品，拓展学生的设计视野，激发学生对服装设计专业的兴趣。

（3）方法能力：资料收集和整理能力，设计分析能力。

学习目标

（1）知识目标：了解常见的服装设计主义形式，能分析各设计主义代表设计师的作品。

（2）技能目标：能够根据各设计主义的内涵进行相关资料的收集和设计尝试。

（3）素质目标：提高资料收集、归纳能力和知识综合运用能力，树立专业自信。

教学建议

1. 教师活动

（1）教师前期收集代表性服装设计主义的相关图片和视频等资料，并运用多媒体课件、教学视频等多种教学手段，提高学生对服装设计主义的直观认识。

（2）深入浅出地进行知识点讲授和应用案例分析。

2. 学生活动

（1）认真听课、积极思考问题，与教师进行良性互动。

（2）积极进行小组间的交流和讨论，合作完成课堂练习。

一、学习问题导入

学习了国内外著名服装品牌后，本节一起来探索一个全新的视角，从服装设计常见的流派主义分析服装设计的潮流和趋势。服装设计主义常见的有解构主义、结构主义、极简主义、极繁主义这四个相对的设计主义形式，如图 5-34 和图 5-35 所示。

图 5-34　解构主义与结构主义　　　　　　　图 5-35　极简主义与极繁主义

二、学习任务讲解

1. 结构主义和解构主义

（1）整体感知。

结构主义是以"人体"为服装设计的出发点，通过服装基本结构的设计完成人体立体感、服装体积感、人体与服装空间感的塑造的服装设计表现形式。解构主义与结构主义相对，摒弃了既定的结构规则，是以"自我"为中心进行意识表达。提倡用分解的观念进行设计，强调打碎、叠加、重组，重视个体的重构，反对总体统一，创造出支离破碎和不确定感的服装设计表现形式，如图 5-36 所示。

图 5-36　迪奥的结构主义与三宅一生的解构主义对比

（2）重点认知。

解构主义的设计首先选取元素或者将原有的服装元素进行破坏、拆解，再运用反常规、反对称、反完整的设计思维将其打乱、重构，最后形成在形状、色彩和比例等方面相对自由的、具有艺术气质的新服装。代表的设计师有马丁·马吉拉（Martin Margiela）、川久保玲、山本耀司、让·保罗·高缇耶（Jean Paul Gaultier）、Vivienne Westwood 和 Rick Owens 等。

马丁·马吉拉是解构主义服装设计的践行者，他注重个人设计观念的表达。1993年春夏他用贴身透明的长袖与宽松的背心叠穿，形成自然的、贴合身体的褶皱，如图5-37所示。他打破了外松内紧的固有穿着思维，还擅长打破既定的规则，用可能与衣物毫不相干的原料来制作服装，如碎瓷片、旧手套、扑克牌等都曾在他的手下获得新的生命。1997年他将人台的外层剥离、加工后穿着在模特身上，呈现出一种立裁未完成的解构感，如图5-38所示。2008年春夏他又将松紧带用编织的手法制成夹克，再次突破服装材料的使用常规，如图5-39所示。

川久保玲将解构主义用立体的塑造、粗糙的表面、不对称的造型重叠出前卫、另类的美感，如图5-40和图5-41所示。2020年秋冬裙装设计作品用充满体积感的上轮廓、不对称的装饰袖和抽褶，重新诠释了服装和身体的关系，如图5-42所示。

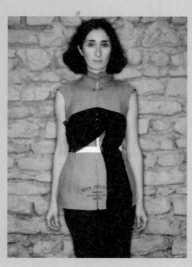

图5-37 马丁·马吉拉
1993年春夏作品

图5-38 马丁·马吉拉
1997年春夏作品

图5-39 马丁·马吉拉
2008年春夏作品

图5-40 川久保玲
2013年秋冬作品

图5-41 川久保玲
2016年秋冬作品

图5-42 川久保玲
2020年秋冬作品

山本耀司认为，打破已经存在的美好事物，让它变成完全不一样的东西，也是一种"创造"，这与解构主义的思想完全一致。他作品中的悬垂、层叠、缠绕等效果，将解构主义与东方禅意完美结合，如图5-43和图5-44所示。2021年春夏的黑色裙装设计作品运用不对称的手法，凌乱自由组合的细节，雕塑般的线条，将服装塑造

图5-43 山本耀司 2019年秋冬作品

图5-44 山本耀司 2020年春夏作品

图5-45 山本耀司 2021年春夏作品

成烈火焚烧后的玫瑰，脆弱却又有不同于常规的美感，如图5-45所示。

（3）设计尝试。

请搜集关于结构主义风格的服装作品，进行作品分析，并尝试进行结构主义与解构主义的服装设计练习。

2．极简主义和极繁主义

（1）整体感知。

极简主义是用"少即是多"的设计理念，在服装实用功能最大化的基础上，用简洁的线条、轮廓、色彩来表达服装与人的关系的服装设计表现形式。极繁主义是用大胆、复杂的美学理念，在服装、轮廓、色彩、图案等细节方面进行叠加，使服装呈现繁复亮眼、华丽张扬的效果的服装设计表现形式，如图5-46所示。

（2）重点认知。

极简主义主不是设计者的自我表现，而是用理性简约的线条和低调考究的裁剪回归服装本来的样子。其主张用自然的廓形、低调中性的色彩，尊重面料自身的特性，减少刻意的细节和装饰来表现穿着者的自然感。代表设计师有吉尔·桑达（Jil Sander）、乔治·阿玛尼（Giorgio Armani）、卡尔文·克莱恩（Calvin Klein）、唐纳·卡兰（Donna Karan）、拉夫·西蒙（Raf Simons）等。

吉尔·桑达作为时装界的"极简女皇"，擅长卷边长裤和轻便上衣的设计。其采用斜裁突出线条感，注重面料的质感，选用中性的色

图5-46 阿玛尼的极简主义与Dior的极繁主义对比

彩，摒弃一切多余的细节。她在回归同名品牌的三季设计中，纯白色、无任何装饰的衣裙契合了2013年春夏"归零"的设计主题，如图5-47所示。深色质感简约的毛呢，在里襟点缀亮色条，完美诠释了当季优雅、克制和清醒的定位，如图5-48所示。2014年春夏裤装回归，无收腰背心搭配同色系高腰裤，并将裤子口袋与腰省合二为一，收紧的脚口凸显线条感和随机组合的强劲之美，如图5-49所示。

图 5-47 吉尔·桑达
2013 年春夏作品

图 5-48 吉尔·桑达
2013 年秋冬作品

图 5-49 吉尔·桑达
2014 年春夏作品

　　乔治·阿玛尼的设计优雅含蓄、大方舒适，其一直致力于将减法应用于服饰设计中，如图 5-50 和图 5-51 所示。乔治·阿玛尼的设计让穿着者自信且感受到自身的重要。懒洋洋的纯色削肩直筒长裙将面料的质感展露无遗，用随性的花朵领口装饰，使得整体造型简约而不简单，如图 5-52 所示。

图 5-50 乔治·阿玛尼
2019 年秋冬作品

图 5-51 乔治·阿玛尼
2020 年秋冬作品

图 5-52 乔治·阿玛尼
2021 年春夏作品

　　拉夫·西蒙是极简主义的新锐设计师，除自身同名品牌，其先后在 Jil Sander、Dior、Calvin Klein、Prada 等品牌任职。他将利落的单线条、工业、几何等极简设计元素运用自如，如图 5-53 和图 5-54 所示。自然散落的毛呢披风外套搭配同色系织带、皮裤，点缀浅色的宽松斜襟内搭和金色的鞋子，毛呢与织带、皮裤的质感层次，内搭自然散开的褶皱立领将 Calvin Klein 潇洒、时髦的女性形象进行了完美的诠释，如图 5-55 所示。

图 5-53 拉夫·西蒙
2011 年秋冬作品

图 5-54 拉夫·西蒙
2013 年秋冬作品

图 5-55 拉夫·西蒙
2019 年早秋作品

（3）设计尝试。

搜集关于极繁主义风格的服装设计作品，进行作品分析，并尝试进行极简主义与极繁主义的服装设计练习。

三、学习任务小结

通过本次任务的学习，同学们已经初步了解四大服装设计主义的表现形式和特点，对服装品牌、服装设计师和服装设计都有了深入的认知。同学们课后还要多收集相关的服装设计资料，提高服装设计的审美能力。

四、课后作业

每位同学收集 15 款极简主义风格服装设计作品，并制作成 PPT 进行展示。

参考文献

[1] 汪芳 . 现代服饰图案设计 [M] . 上海：东华大学出版社，2017 .

[2] 徐雯 . 服饰图案 [M] . 北京：中国纺织出版社，2013 .

[3] 丁杏子 . 服装美术设计基础 [M] . 北京：高等教育出版社，2005 .

[4] 冯利，刘晓刚 . 服装设计概论 [M] . 上海：东华大学出版社 ，2015 .

[5] 李卉，华雯 . 服装设计基础 [M] . 南京：东南大学出版社，2020 .

[6] 王小萌，张婕，李正 . 服装设计基础与创意 [M] . 北京：化学工业出版社， 2019 .

[7] 谢冬梅 ，黄李勇 . 服装设计——基础篇 [M] . 上海：学林出版社，2013 .

[8] 史林 . 服装设计基础与创意 [M] .2 版 . 北京：中国纺织出版社，2014 .

[9] 王悦，张鹏 . 服装设计基础 [M] .3 版 . 上海：东华大学出版社，2018 .